GABRIEL CABRAL

NELSON SANTOS

TREINAMENTO EM QUÍMICA

EsPCEx - VOLUME II
ATUALIZADO ATÉ A PROVA DE 2013

Treinamento em Química EsPCEx - Volume 2 – Atualizado até a prova de 2013
Copyright© Editora Ciência Moderna Ltda., 2014

Todos os direitos para a língua portuguesa reservados pela EDITORA CIÊNCIA MODERNA LTDA.
De acordo com a Lei 9.610, de 19/2/1998, nenhuma parte deste livro poderá ser reproduzida, transmitida e gravada, por qualquer meio eletrônico, mecânico, por fotocópia e outros, sem a prévia autorização, por escrito, da Editora.

Editor: Paulo André P. Marques
Produção Editorial: Aline Vieira Marques
Assistente Editorial: Amanda Lima da Costa
Arte e Finalização de Capa: Carlos Arthur Candal
Diagramação: Nelson Santos

Várias **Marcas Registradas** aparecem no decorrer deste livro. Mais do que simplesmente listar esses nomes e informar quem possui seus direitos de exploração, ou ainda imprimir os logotipos das mesmas, o editor declara estar utilizando tais nomes apenas para fins editoriais, em benefício exclusivo do dono da Marca Registrada, sem intenção de infringir as regras de sua utilização. Qualquer semelhança em nomes próprios e acontecimentos será mera coincidência.

FICHA CATALOGRÁFICA

SANTOS, Nelson Nascimento Silva dos; SILVA, Gabriel Barbosa Cabral da.

Treinamento em Química EsPCEx - Volume 2 – Atualizado até a prova de 2013

Rio de Janeiro: Editora Ciência Moderna Ltda., 2014.

1. Química
I — Título

ISBN: 978-85-399- 0507-2   CDD 540

Editora Ciência Moderna Ltda.
R. Alice Figueiredo, 46 – Riachuelo
Rio de Janeiro, RJ – Brasil   CEP: 20.950-150
Tel: (21) 2201-6662/ Fax: (21) 2201-6896
E-MAIL: LCM@LCM.COM.BR
WWW.LCM.COM.BR

DEDICATÓRIA: NELSON PARA HELENA

PARA HELENA,

mulher que o SENHOR me concedeu como minha Rebeca, e que é merecedora desta palavra:

Mulher virtuosa, quem a achará? O seu valor muito excede o de rubis.
O coração de seu marido está nela confiado, e a ela nenhuma fazenda faltará.
Ela lhe faz bem, e não mal, todos os dias da sua vida.

...

Enganosa é a graça, e vaidade, a formosura, mas a mulher que teme ao SENHOR, essa será louvada.

Provérbios 31:10–12 e 30

ESTE LIVRO É DEDICADO.

DEDICATÓRIA: GABRIEL PARA MILENNA

PARA MILENNA,

o maior presente que Deus concedeu a mim. A quem é e sempre será minha melhor amiga. Esposa dedicada e mui amada, sem dúvidas merece estas palavras:

Aquele que encontra uma esposa, acha o bem, e alcança a benevolência do SENHOR.

Provérbios 18:22

ESTE LIVRO É DEDICADO.

PALAVRAS PARA NOSSAS VIDAS

Ouvi-me, terras do mar, e vós, povos de longe, escutai! O Senhor me chamou desde o meu nascimento, desde o ventre de minha mãe fez menção do meu nome; fez a minha boca como uma espada aguda, com a sombra da sua mão me escondeu; fez-me como uma flecha polida, e me guardou na sua aljava.

Isaías 49:1–2

E há de ser que, depois, derramarei o meu Espírito sobre toda a carne, e vossos filhos e vossas filhas profetizarão, os vossos velhos terão sonhos, os vossos mancebos terão visões.
E também sobre os servos e sobre as servas, naqueles dias, derramarei o meu Espírito.

Joel 2:28–29

Porque um menino nos nasceu, um filho se nos deu, e o principado está sobre os seus ombros; e o seu nome será: Maravilhoso, Conselheiro, Deus Forte, Pai da Eternidade, Príncipe da Paz.
Do incremento deste principado e da paz, não haverá fim, sobre o trono de Davi e no seu reino, para o firmar e o fortificar em juízo e em justiça, desde agora e para sempre; o zelo do Senhor dos Exércitos fará isto.

Isaías 9:6–7

Respondeu-lhe, pois, Simão Pedro: Senhor, para quem iremos nós? Tu tens as palavras da vida eterna.
E nós temos crido e conhecido que tu és o Cristo, o Filho de Deus.

João 6:68–69

Filhinhos, eu vos escrevi, porque conheceis o Pai. Pais, eu vos escrevi, porque conheceis aquele que existe desde o princípio. Jovens, eu vos escrevi, porque sois fortes, e a palavra de Deus permanece em vós, e tendes vencido o Maligno.

1 João 2:14

Quem me dera agora que as minhas palavras se escrevessem. Quem me dera que se gravassem num livro!
E que, com pena de ferro e com chumbo, para sempre fossem esculpidas na rocha!
Porque eu sei que o meu Redentor vive, e que por fim se levantará sobre a terra.

Jó 19:23–25

E O TEMPO PASSOU...

PIETRO LONGHI • *cerca de 1757* • **O ALQUIMISTA**

PIETRO LONGUI *(Veneza, 1701 – 1785), pintor e desenhista italiano.*
Óleo sobre tela, 50 cm × 60 cm.
Vale observar a vidraria e os símbolos químicos no caderno no chão.
A Alquimia durou (talvez) mais do que pensamos...

PREFÁCIO

Bons alunos diriam:

> *"É óbvio que ácidos e bases reagem com facilidade entre si."*
>
> *"Claro que sódio em água reage violentamente."*

Os mesmos bons alunos já podem dizer:

> *"A experiência do NELSON catalisada pela juventude do GABRIEL gera bons produtos."*

Sempre digo que não existe questão difícil. Existem ideias ainda não apresentadas aos alunos, que, assim que vistas, tornam-se ferramentas poderosas em suas mãos.

Esse livro se preocupa em apresentar, de modo simples e claro, conceitos, leis e fórmulas, enfim, "ideias"! Isso o torna leitura indispensável aos alunos que buscam o sonho da aprovação, assim como para o professor que prepara com cuidado e esmero.

PROF. MÁRCIO SANTOS

MÁRCIO SANTOS é professor de Química, fundador do Colégio e Curso Ponto de Ensino (PENSI www.pensi.com.br).

Introdução: Nelson Santos

Meu primeiro livro foi lançado em 2007, pela Editora Ciência Moderna: Problemas de Físico-Química – IME • ITA • Olimpíadas.

Para mim foi a realização de um sonho. Hoje, quase seis anos depois, continuo na estrada, me aventurando a escrever livros que, através dos exercícios resolvidos – parte indispensável da preparação de quem vai desafiar concursos – tenham, na resolução desses exercícios, toques de teoria que deem suporte a esses exercícios.

Não escrevo para mim. Escrevo livros para ajudar pessoas a realizarem seus sonhos. Comecei a dar aulas de Química em 1970, e julgo meu trabalho pelos alunos a quem pude ajudar, inspirar, motivar. Olho para trás e vejo muitos ex-alunos e ex-alunas que realizaram seus sonhos.

Comecei a lecionar na cidade do Rio de Janeiro, e fui deixando rastros de giz e de amizades por Petrópolis, Volta Redonda, Duque de Caxias, Nova Iguaçu, Rio das Ostras, Curitiba, Porto Alegre, Goiânia, Brasília, Teresina... Por todos estes lugares a Química me levou. E até onde a Química vai me levar, só o meu Senhor sabe. Já perdi faz muito tempo a conta de a quantas cidades meus livros chegaram...

Este livro que agora está em suas mãos é a continuação do trabalho iniciado em **Treinamento em Química – EsPCEx** • Programa completo do Ensino Médio • 2ª Edição. Naturalmente não o substitui, e sim o complementa e atualiza. É indispensável estar plenamente a par do que está acontecendo no "aqui e agora".

Apresentamos todas as questões das provas da **EsPCEx** de **2009** a **2013**, divididas em 12 capítulos e detalhadamente resolvidas. Não é gabarito: é resolução comentada, como se estivéssemos em sala de aula.

Resumindo, é assim que você, candidato à **EsPCEx** deve proceder: estude a teoria ao longo do ano, resolva os exercícios na ordem em que você aprender a teoria e... domine o assunto! Sem mágica. Só trabalho, bem orientado por seus professores, auxiliado por mim e pelo professor Gabriel Cabral, e bem realizado por você.

Minha palavra final para você é inspirada (como sempre) em Davi e Golias. Golias é o Ameaçador. Não há nenhuma menção de que jamais tenha matado alguém. Mas ameaçava, afrontava, intimidava... e o lado psicológico define, com desagradável frequência, vencedores e perdedores.

Se o concurso que você vai fazer é o seu Golias, **seja Davi!**

Que este livro seja em suas mãos uma das pedrinhas de ribeiro que Davi separou. O final da história, todos sabemos.

Deus abençoe você e sua casa.

NELSON SANTOS,
sob os céus inacreditáveis de Brasília, na primavera de 2013.

E tomou o seu cajado na mão, e escolheu para si cinco seixos do ribeiro, e pô-los no alforge de pastor, que trazia, a saber, no surrão, e lançou mão da sua funda e se foi chegando ao filisteu.

1 Samuel 17:40

Introdução: Gabriel Cabral

Este é o primeiro livro que escrevo ao lado do renomado professor Nelson Santos. Para mim foi e tem sido um imenso privilégio poder participar deste trabalho. É a realização de um sonho. Porque creio poder ajudar a você, candidato à EsPCEx, mesmo estando longe ou próximo.

Tem sido cada vez maior a busca por uma vaga na EsPCEx. Sendo assim, ter uma preparação sólida é essencial para vencer o concurso.

Este livro não se trata de um gabarito. É uma resolução comentada, no qual tivemos o imenso cuidado de poder apresentar todos os assuntos da maneira mais clara e didática possível. Em cada questão, buscamos relembrar conceitos fundamentais para o bom entendimento da Química.

Se você busca ser aprovado na EsPCEx, sem dúvidas precisa ter em mãos um excelente material didático, para que o estudo diário torne-se bem proveitoso e prazeroso. Esperamos ajudar você, através do nosso livro, a conquistar seus sonhos, pois o seu sucesso é o meu sucesso, é o sucesso do professor Nelson Santos.

Este segundo volume é um complemento do primeiro livro do Nelson voltado ao concurso da EsPCEx, com as questões mais recentes do concurso. Ler o livro é o mesmo que assistir uma aula minha e do Nelson, já que como professores que somos, tivemos a mesma preocupação que temos em nossas aulas: a de poder transmitir o conhecimento de uma forma clara, demonstrando que não existe exercício que não possa ser feito, e que com uma boa preparação é possível chegar lá.

Comecei a lecionar aqui no Rio de janeiro, onde tive e tenho o privilégio de estar em contato com um grande número de alunos e professores. A profissão só me trouxe coisas boas. Sempre estive próximo de grandes professores, e com isto, absorvi tudo o que puderam me transmitir.

A paixão pela Química começou em mim ainda garoto, com aproximadamente 16 anos. Comecei com aulas particulares e, à medida em que eu ajudava a desvendar a Química para meus colegas de escola, meu coração era tomado por um maravilhoso sentimento, a satisfação pessoal de poder ajudar. Desde então, assumi o compromisso de, sempre que possível, ajudar meus alunos a entenderem a Química com toda dedicação e carinho possíveis. Sendo assim, este livro é apenas a confirmação do compromisso meu para com você, leitor.

Nele estão presentes o carinho e a imensa vontade de ver o seu sucesso, não somente nos concursos, mas na vida.

Finalmente, deixo a você, caro leitor, uma palavra:

Nunca desista dos seus sonhos, por mais difíceis que possam ser. Não desisti dos meus, pois Deus não desistiu de mim, e hoje está aqui o resultado presente no livro que lhes escrevo. Às vezes, a busca pelo cumprimento de nossos sonhos nos machuca um pouquinho, e por vezes é bem árdua, a ponto de querermos desistir. Se um dia você estiver cansado e pensando em desistir, lembre-se:

Porque eu, o SENHOR teu Deus, te tomo pela tua mão direita; e te digo: Não temas, eu te ajudo.

Isaías 41:13

Gabriel Cabral,
em uma bela tarde no Rio de Janeiro, na primavera de 2013.

DADOS ÚTEIS

CONSTANTES

Constante de Avogadro	=	$6,02 \times 10^{23}$ mol^{-1}
Constante de Faraday (F)	=	$9,65 \times 10^4$ C mol^{-1}
Volume molar de gás ideal	=	22,4 L (CNTP)
Carga elementar	=	$1,602 \times 10^{-19}$ C
Constante dos gases (R)	=	$8,21 \times 10^{-2}$ atm·L·mol^{-1}·K^{-1} 8,314 J·mol^{-1}·K^{-1} 62,36 mmHg·L·mol^{-1}·K^{-1}
Constante de Planck (h)	=	$6,626 \times 10^{-34}$ J·s
Velocidade da luz (c)	=	$3,00 \times 10^8$ m·s^{-1}
$K_c(H_2O)$	=	1,86 °C·kg·mol^{-1}
$K_E(H_2O)$	=	0,513 °C·kg·mol^{-1}

CONVERSÕES

1 Å	=	10^{-10} m
1 atm	=	101325 Pa 760 mmHg
1 cal	=	4,1868 J
T(K)	=	T(C) + 273,15

DEFINIÇÕES

Condições normais de temperatura e pressão (CNTP): 0 °C e 760 mmHg.

Condições ambientes: 25 °C e 1 atm.

Condições-padrão: 25 °C, 1 atm, concentração das soluções: 1 mol·L^{-1} (rigorosamente: atividade unitária das espécies), sólido com estrutura cristalina mais estável nas condições de pressão e temperatura em questão.

Abreviaturas: (s) ou (c) = sólido cristalino; (ℓ) = líquido; (g) = gás; (aq) = aquoso; (graf) = grafite; (CM) = circuito metálico; (conc) = concentrado; (ua) = unidades arbitrárias; [A] = concentração da espécie química A em mol·L^{-1}.

FÓRMULAS

$$v = \lambda f$$

$$\Delta E = \Delta m\, c^2$$

$$E = h f$$

$$\Delta G = \Delta H - T\, \Delta S$$

$$\Delta G° = \begin{array}{l} R\,T \ln K \\ -n\,F\,E° \end{array}$$

TABELAS ÚTEIS

POTENCIAIS DE IONIZAÇÃO DOS 20 PRIMEIROS ELEMENTOS (kJ/mol)

	Primeiro	Segundo	Terceiro	Quarto	Quinto	Sexto	Sétimo	Oitavo
H	1312							
He	2371	5247						
Li	520	7297	11810					
Be	900	1757	14840	21000				
B	800	2430	3659	25020	32810			
C	1086	2352	4619	6221	37800	47300		
N	1402	2857	4577	7473	9443	53250	64340	
O	1314	3391	5301	7468	10980	13320	71300	84050
F	1681	3375	6045	8418	11020	15160	17860	92000
Ne	2080	3963	6276	9376	12190	15230	–	–
Na	495,8	4565	6912	9540	13360	16610	20110	25490
Mg	737,6	1450	7732	10550	13620	18000	21700	25660
Aℓ	577,4	1816	2744	11580	15030	18370	23290	27460
Si	786,2	1577	3229	4356	16080	19790	23780	29250
P	1012	1896	2910	4954	6272	21270	25410	29840
S	999,6	2260	3380	4565	6996	8490	28080	31720
Cℓ	1255	2297	3850	5146	6544	9330	11020	33600
Ar	1520	2665	3947	5770	7240	8810	11970	13840
K	418,8	3069	4600	5879	7971	9619	11380	14950
Ca	589,5	1146	4941	6485	8142	10520	12350	13830

Afinidades Eletrônicas para os Elementos Representativos (kJ/mol)

1	2	13	14	15	16	17
H −73						
Li −60	Be ≈+100	B −27	C −122	N ≈+9	O −141	F −328
Na ≈−53	Mg ≈+30	Aℓ −44	Si −134	P −72	S −200	Cℓ −348
K ≈−48	Ca −	Ga −30	Ge −120	As −77	Se −195	Br −325
Rb ≈−47	Sr −	In −30	Sn −121	Sb −101	Te −190	I −295
Cs −45	Ba −	Tℓ −30	Pb −110	Bi −110	Po −183	At −270

Valores positivos significam que o processo $A(g) + e^- \rightarrow A^-(g)$ é endotérmico.

TABELA ÚTEIS

TABELA PERIÓDICA DOS ELEMENTOS

Legenda da célula:
- número atômico
- **Símbolo**
- massa atômica

1	2	3	4	5	6	7	8	9	10	11	12	13	14	15	16	17	18
1 **H** 1,00794																	2 **He** 4,002602
3 **Li** 6,941	4 **Be** 9,012182											5 **B** 10,811	6 **C** 12,0107	7 **N** 14,0067	8 **O** 15,9994	9 **F** 18,998403	10 **Ne** 20,1797
11 **Na** 22,989769	12 **Mg** 24,3050											13 **Al** 26,981539	14 **Si** 28,0855	15 **P** 30,973762	16 **S** 32,065	17 **Cl** 35,453	18 **Ar** 39,948
19 **K** 39,0983	20 **Ca** 40,078	21 **Sc** 44,955912	22 **Ti** 47,867	23 **V** 50,9415	24 **Cr** 51,9961	25 **Mn** 54,938045	26 **Fe** 55,845	27 **Co** 58,933195	28 **Ni** 58,6934	29 **Cu** 63,546	30 **Zn** 65,409	31 **Ga** 69,723	32 **Ge** 72,64	33 **As** 74,92160	34 **Se** 78,96	35 **Br** 79,904	36 **Kr** 83,798
37 **Rb** 85,4678	38 **Sr** 87,62	39 **Y** 88,90585	40 **Zr** 91,224	41 **Nb** 92,90638	42 **Mo** 95,94	43 **Tc** [98]	44 **Ru** 101,07	45 **Rh** 102,90550	46 **Pd** 106,42	47 **Ag** 107,8682	48 **Cd** 112,41	49 **In** 114,818	50 **Sn** 118,710	51 **Sb** 121,760	52 **Te** 127,60	53 **I** 126,90447	54 **Xe** 131,293
55 **Cs** 132,90545	56 **Ba** 137,327	57 – 71 lantanídeos	72 **Hf** 178,49	73 **Ta** 180,94788	74 **W** 183,84	75 **Re** 186,207	76 **Os** 190,23	77 **Ir** 192,917	78 **Pt** 195,084	79 **Au** 196,96657	80 **Hg** 200,59	81 **Tl** 204,3833	82 **Pb** 207,2	83 **Bi** 208,98040	84 **Po** [209]	85 **At** [210]	86 **Rn** [222]
87 **Fr** [223]	88 **Ra** [226]	89 – 103 actinídeos	104 **Rf** [261]	105 **Db** [262]	106 **Sg** [266]	107 **Bh** [264]	108 **Hs** [277]	109 **Mt** [268]	110 **Ds** [271]	111 **Rg** [272]	112 **Cn** [285]		114 **Fl** [289]		116 **Lv** [293]		

Lantanídeos:

57 **La** 138,90547	58 **Ce** 140,116	59 **Pr** 140,90765	60 **Nd** 144,242	61 **Pm** [145]	62 **Sm** 150,36	63 **Eu** 151,964	64 **Gd** 157,25	65 **Tb** 158,92535	66 **Dy** 162,500	67 **Ho** 164,93032	68 **Er** 167,259	69 **Tm** 168,93421	70 **Yb** 173,04	71 **Lu** 174,967

Actinídeos:

89 **Ac** [227]	90 **Th** 232,03806	91 **Pa** 231,03588	92 **U** 238,02891	93 **Np** [237]	94 **Pu** [244]	95 **Am** [243]	96 **Cm** [247]	97 **Bk** [247]	98 **Cf** [251]	99 **Es** [252]	100 **Fm** [257]	101 **Md** [258]	102 **No** [259]	103 **Lr** [262]

Dados de acordo com a IUPAC PERIODIC TABLE OF THE ELEMENTS, versão de 01 de junho de 2012

TABELA DE SOLUBILIDADE EM ÁGUA

	brometo Br^-	carbonato CO_3^{2-}	cloreto $C\ell^-$	dicromato $Cr_2O_7^{2-}$	hidróxido OH^-	nitrato NO_3^-	fostato PO_4^{3-}	sulfato SO_4^{2-}	sulfeto S^{2-}
alumínio $A\ell^{3+}$	S	X	S	I	I	S	I	S	X
amônio NH_4^+	S	S	S	S	S	S	S	S	X
cádmio Cd^{2+}	S	I	S	X	I	S	I	S	I
cálcio Ca^{2+}	S	I	S	I	I	S	I	LS	I
chumbo (II) Pb^{2+}	I	I	I	X	I	S	I	I	I
cobre (II) Cu^{2+}	S	X	S	I	I	S	I	S	I
ferro (II) Fe^{2+}	S	I	S	I	I	S	I	S	I
ferro (III) Fe^{3+}	S	X	S	I	I	S	I	LS	I
magnésio Mg^{2+}	S	I	S	I	I	S	I	S	I
potássio K^+	S	S	S	S	S	S	S	S	S
prata Ag^+	I	I	I	I	X	S	I	LS	I
sódio Na^+	S	S	S	S	S	S	S	S	S
zinco Zn^{2+}	S	I	S	I	I	S	I	S	I

LEGENDA	
S	*solúvel*
I	*insolúvel*
LS	*levemente solúvel*
x	*algum problema*

Resumo de Funções Orgânicas

Principais Substituintes Orgânicos

H_3C—	H_3C—CH_2—	H_3C—CH_2—CH_2—	H_3C—CH—CH_3
metil	etil	n-propil	iso(sec)-propil
H_3C—CH_2—CH_2—CH_2—	H_3C—CH_2—CH—CH_3	H_3C—CH—CH_2— (CH_3)	H_3C—C—CH_3 (CH_3)
n-butil	sec-butil	iso-butil	terc-butil
H_2C=CH—	fenil	orto-toluil	meta-toluil
vinil	fenil	orto-toluil	meta-toluil
para-toluil	benzil	α-naftil	β-naftil

Nomenclatura

Prefixo: Número de Carbonos	
1 C	MET
2 C	ET
3 C	PROP
4 C	BUT
5 C	PENT
6 C	HEX
7 C	HEPT
8 C	OCT
9 C	NON
10 C	DEC

11 C	UNDEC
12 C	DODEC
13 C	TRIDEC
14 C	TETRADEC
20 C	EICOS
INTERMEDIÁRIO: SATURAÇÃO DA CADEIA	
Saturada	AN
Insaturada	
1 dupla	EN
2 duplas	DIEN
3 duplas	TRIEN
1 tripla	IN
2 triplas	DIIN
3 triplas	TRIIN
1 dupla e 1 tripla	ENIN
SUFIXO: FUNÇÃO	
HIDROCARBONETOS	O
ÁLCOOL (ENOL)	OL
ALDEÍDO	AL
CETONA	ONA
ÁCIDO CARBOXÍLICO	OICO

ORDEM DE PRIORIDADE DAS FUNÇÕES

ÁCIDO – AMIDA – ALDEÍDO – CETONA – ÁLCOOL – AMINA – ÉTER – HALETO

Classe Funcional	Grupo Funcional	Exemplo
álcool	—C—OH	CH_3—CH_2—CH_2—OH propan-1-ol
fenol	$C_{aromático}$—OH	⬡—OH benzenol, fenol comum ou hidroxibenzeno

RESUMO DE FUNÇÕES ORGÂNICAS

XXV

Função	Estrutura	Exemplo
enol	(estrutura com OH)	CH_3—CH=CH—OH
		prop-1-en-1-ol
aldeído	(estrutura com O e H)	CH_3—CH_2—CH_2—CHO
		butanal
cetona	(estrutura C secundário)	CH_3—CH_2—CO—CH_2—CH_3
		pentan-3-ona
ácido carboxílico	(estrutura com OH)	CH_3—CH_2—CH_2—CO_2H
		ácido butanoico
éter	—O—	CH_3—O—CH_2—CH_2—CH_3
		1-metóxipropano
éster	(estrutura com O e O—)	CH_3—CH_2—CH_2—COO—CH_2—CH_3
		butanoato de etila
haleto de alquila	$R_{alquila}$—X (F, Cℓ, Br, I)	CH_3—CH_2—CH_2—$Cℓ$
		1-cloropropano
haleto de arila	R_{arila}—X (F, Cℓ, Br, I)	(benzeno)—Br
		bromobenzeno
haleto de ácido	(estrutura com O e X) (F, Cℓ, Br, I)	CH_3—CH_2—CH_2—CO—$Cℓ$
		cloreto de butanoila
sal de ácido carboxílico	(estrutura com O e OMetal)	CH_3—CH_2—$COONa$
		propanoato de sódio
anidrido de ácido	(estrutura C—O—C)	CH_3—CO—O—CO—CH_3
		anidrido etanoico
amina	primária —NH_2	CH_3—CH_2—CH_2—NH_2
	secundária —NH—	propanamida
	terciária —N—	CH_3—NH—CH_2—CH_3
		N-metilpropanamida

amida		$CH_3-CH_2-CONH_2$
		propanamida
		$CH_3-CH_2-CONH-CH_3$
		N-metilpropanamida
nitrocomposto	$-NO_2$	$CH_3-CH_2-CH_2-NO_2$
		1-nitropropano
ácido sulfônico	$-SO_3H$	$-SO_3H$
		ácido benzenossulfônico
nitrila	$-C\equiv N$	$CH_3-CH_2-CH_2-C\equiv N$
		butanonitrila
composto de Grignard	$-Mg-X$ (F, Cℓ, Br, I)	$CH_3-CH_2-CH_2-MgCℓ$
		cloreto de propil magnésio

PROGRAMA EsPCEx 2013

QUÍMICA

a) Matéria e substância:
Propriedades gerais e específicas; estados físicos da matéria – caracterização e propriedades; misturas, sistemas, fases e separação de fases; substâncias simples e compostas; substâncias puras; unidades de matéria e energia.

b) Estrutura Atômica Moderna:
Introdução à Química; evolução dos modelos atômicos; elementos químicos: principais partículas do átomo, número atômico e número de massa, íons, isóbaros, isótonos, isótopos e isoeletrônicos; configuração eletrônica: diagrama de Pauling, regra de Hund (Princípio de exclusão de Pauli), números quânticos.

c) Classificações Periódicas:
Histórico da classificação periódica; grupos e períodos; propriedades periódicas: raio atômico, energia de ionização, afinidade eletrônica, eletropositividade, eletronegatividade.

d) Ligações Químicas:
Ligações iônicas, ligações covalentes e ligação metálica; fórmulas estruturais: reatividade dos metais.

e) Características dos Compostos Iônicos e Moleculares:
Geometria molecular: polaridade das moléculas; forças intermoleculares; número de oxidação; polaridade e solubilidade.

f) Funções Inorgânicas:
Ácidos, bases, sais e óxidos; nomenclaturas, reações, propriedades, formulação e classificação.

g) Reações Químicas:
Tipos de reações químicas; previsão de ocorrência das reações químicas: balanceamento de equações pelo método da tentativa e oxirredução.

h) Grandezas Químicas:
Massas atômicas e moleculares; massa molar; quantidade de matéria e número de Avogadro.

i) Estequiometria:
Aspectos quantitativos das reações químicas; cálculos estequiométricos; reagente limitante de uma reação; leis químicas (leis ponderais).

j) Gases:
Equação geral dos gases ideais; leis de Boyle e de Gay-Lussac: equação de Clapeyron; princípio de Avogadro e energia cinética média; misturas gasosas, pressão parcial e lei de Dalton; difusão gasosa, noções de gases reais e liquefação.

k) Termoquímica:

Reações endotérmicas e exotérmicas; tipos de entalpia; Lei de Hess, determinação da variação de entalpia e representações gráficas; cálculos envolvendo entalpia.

l) Cinética:

Velocidade das reações; fatores que afetam a velocidade das reações; cálculos envolvendo velocidade da reação.

m) Soluções:

Definição e classificação das soluções; tipos de soluções, solubilidade, aspectos quantitativos das soluções; concentração comum; concentração molar ou molaridade, título, densidade; relação entre essas grandezas: diluição e misturas de soluções; análise volumétrica (titulometria).

n) Equilíbrio Químico:

Sistemas em equilíbrio; constante de equilíbrio; princípio de Le Chatelier; constante de ionização; grau de equilíbrio; grau de ionização; efeito do íon comum; hidrólise; pH e pOH; produto de solubilidade; reações envolvendo gases, líquidos e gases.

o) Eletroquímica:

Conceito de ânodo, cátodo e polaridade dos eletrodos; processos de oxidação e redução, equacionamento, número de oxidação e identificação das espécies redutoras e oxidantes; aplicação da tabela de potenciais padrão; pilhas e baterias; equação de Nernst; corrosão; eletrólise, Leis de Faraday.

p) Radioatividade:

Origem e propriedade das principais radiações; leis da radioatividade; cinética da radiações e constantes radioativas; transmutações de elementos naturais; fissão e fusão nuclear; uso de isótopos radioativos; efeitos das radiações.

q) Princípios da química orgânica:

Conceito: funções orgânicas: tipos de fórmulas; séries homólogas: propriedades fundamentais do átomo de carbono, tetravalência, hibridização de orbitais, formação, classificação das cadeias carbônicas e ligações.

r) Análise orgânica elementar:

Determinação de fórmulas moleculares.

s) Funções orgânicas:

Hidrocarbonetos, álcoois, aldeídos, éteres, cetonas, fenóis, ésteres, ácidos carboxílicos, sais de ácidos carboxílicos, aminas, amidas e nitrocompostos: nomenclatura, radicais, classificação, propriedades físicas e químicas, processos de obtenção e reações.

SUMÁRIO

A figura abaixo é emblemática. É uma das geniais criações de M. C. Escher, denominada *Drawing Hands*. De uma maneira sutil, da mesma forma que as mãos se desenham (qual a realidade, qual a imagem?), o esforço para a resolução de um problema nos capacita. Ficamos mais fortes.

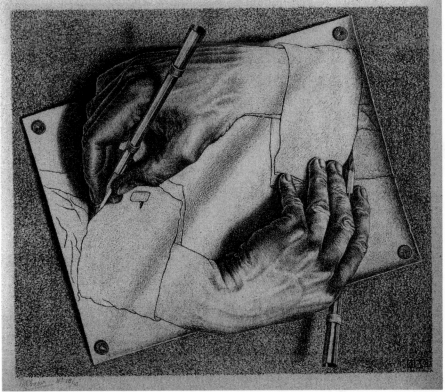

Ou seja, da mesma forma como construímos a solução de um problema, a solução de um problema nos constrói. Você pode ver aí a mão de Deus?

Deus não escolhe os capacitados. Capacita os escolhidos. *Albert Einstein*

Dados Úteis	...	XIIII
Tabelas Úteis	...	XV
Tabela Periódica dos Elementos	...	XVII
Tabela de Solubilidade em Água		XVIII
Resumo de Funções Orgânicas	...	XIX

PROGRAMA DE QUÍMICA DA **EsPCEx** ... XXVII

00 • ESTUDAR MELHOR ... 1

01 • ESTRUTURA ATÔMICA ... 7

02 • TABELA PERIÓDICA 9

03 • LIGAÇÕES QUÍMICAS ... 11

04 • REAÇÕES QUÍMICAS ... 15

05 • ESTEQUIOMETRIA ... 21

06 • SOLUÇÕES ... 25

07 • TERMOQUÍMICA ... 27

08 • CINÉTICA QUÍMICA ... 31

09 • EQUILÍBRIO QUÍMICO ... 33

10 • ELETROQUÍMICA ... 35

11 • RADIOATIVIDADE ... 43

12 • QUÍMICA ORGÂNICA ... 45

GABARITOS & SOLUÇÕES ... *49*

APÊNDICE SI ... 105

BIBLIOGRAFIA ... 115

| | CAPÍTULO **00** |

ESTUDAR MELHOR

Este texto foi adaptado a partir de trabalhos do professor HANS KURT EDMUND LIESENBERG, *do Instituto de Computação da Unicamp.*

INTRODUÇÃO

O objetivo deste texto é oferecer sugestões para um melhor aproveitamento de seu estudo. Aqui relacionamos alguns itens que julgamos importantes para quem se prepara para um concurso, no que diz respeito à *metodologia a ser adotada*, para um bom acompanhamento dos conteúdos necessários. A importância dos itens irá variar de acordo com a personalidade de cada um e a natureza do assunto a ser estudado.

O aspecto básico é que o preparo para um concurso é um empreendimento bastante sério e que envolve muito *mais que simplesmente executar regularmente os trabalhos solicitados*. Espera-se que um candidato dedique parte significativa de seu tempo e energia aos estudos e atividades diretamente relacionadas a eles. As aulas não costumam esgotar todos os assuntos, mas pretendem expor conceitos fundamentais, com o objetivo de facilitar o estudo individual posterior. Desta forma, o comparecimento às aulas deve ser necessariamente complementado por estudo individual. Embora o candidato tenha responsabilidade sobre seu estudo, sempre haverá ajuda para aqueles que tenham maiores dificuldades. Os professores estão à disposição para discutir essas dificuldades com relação a aspectos de sua preparação.

É muito importante também estar atento às múltiplas formas de aprendizado extra-classe existentes. A frequência a bibliotecas, os recursos da Internet e a pesquisa ilustram algumas das muitas possibilidades de aquisição de conhecimentos.

DISTRIBUIÇÃO DE TEMPO

O problema central no preparo para um concurso é que *"existe muito a ser feito em pouco tempo"*. Portanto, falhas nos métodos de estudo devem ser retificadas o mais breve possível. Não é suficiente somente colocar o estudo em horas regulares previamente definidas. É preciso ter certeza de que o tempo está sendo bem utilizado.

ORGANIZAÇÃO DO ESTUDO

1. Tempo de estudo

Analise quanto do tempo de estudo é realmente produtivo. Pergunte a si mesmo: *Estou realmente aprendendo e raciocinando, ou somente esperando o tempo passar? Estou desperdiçando tempo fazendo uma interminável lista do que deve ser estudado em ocasiões futuras ou "passando a limpo" notas de aula sem pensar no que escrevo?* Tome cuidado em não ficar satisfazendo a consciência com uma série de atividades desnecessárias que ocupam o tempo, nos livram do esforço de pensar e não são produtivas em vista do objetivo almejado.

2. Planejamento do trabalho

Planeje o trabalho a ser cumprido nas horas reservadas para o estudo durante a semana e o mês de modo a estar certo de que foi alocado o tempo necessário para cada assunto. *Dê prioridade às atividades mais importantes ou mais difíceis.* O tempo de estudo deve ser arranjado de modo que os assuntos que necessitem um estudo mais cuidadoso ou uma atenção especial sejam feitos em primeiro lugar, quando ainda se está com a "cabeça fria".

3. Descanso

Reserve tempo adequado para um intervalo de descanso. Estudar quando se está cansado é "antieconômico": uns poucos minutos de descanso possibilitam aproveitar muito melhor as próximas horas de estudo. Outro perigo é o inverso, ou seja, períodos frequentes de descanso para pouco tempo de estudo.

4. Entender para aprender

Entender á a chave para aprender e aplicar o que foi aprendido. Se um tópico não foi bem entendido é aconselhável consultar os livros disponíveis, ou então discutir com um colega. Principalmente, não tenha receio de procurar o professor para esclarecer qualquer ponto que não esteja bem entendido. *A simples leitura das notas de aula ou de partes de um livro não é suficiente para efetivar o aprendizado.*

5. Pontos fundamentais e detalhes

Muitas vezes o estudo é desperdiçado porque os alunos entendem incorretamente o que se pede. Em todos os tópicos de estudo aparecerão fatos, técnicas ou habilidades a serem dominadas. Também existirão *princípios fundamentais que vão nortear e fundamentar tudo que está sendo aprendido. É importante estar sempre atento de forma a não se fixar apenas nos detalhes.*

6. Pensar

O aprendizado de qualquer tópico de estudo somente é eficaz quando ocorre durante o processo de se pensar sobre o que se faz. Em todos os assuntos, os professores geralmente procurarão relacionar a teoria apresentada a uma série de exemplos. É importante que durante o tempo de estudo os exemplos apresentados pelo professor sejam revistos, é importante procurar novos exemplos.

7. Exercícios

Faça os exercícios das listas propostas pelo professor. O ideal é que todos os exercícios propostos sejam resolvidos. *Quando isto não for possível*, por falta de tempo disponível, solicite ao professor que recomende os exercícios fundamentais. Procure exercícios nos livros disponíveis, e peça a opinião do professor sobre os exercícios a serem feitos. *Discuta as soluções encontradas com o professor ou com outros colegas, pois, muitas vezes, elas podem estar incorretas.*

ANOTAÇÕES EM AULA

8. Saber anotar

Aprenda a tomar notas de aula. Não é suficiente anotar o que o professor escreve no quadro, anote também *pontos relevantes* do que o professor diz. É aconselhável deixar bastante espaço livre em suas notas, para depois colocar suas próprias observações e dúvidas. Use e abuse de letras maiúsculas, cores e grifos para destacar pontos importantes. Não tente tomar nota de tudo o que é dito em uma aula. Faça distinção entre meros detalhes e pontos chave. Muitos dos detalhes podem ser rapidamente recuperados em livros-texto. É importante saber que tomar notas implica em acompanhar a aula e resumir pontos. O ato de tomar notas não substitui o raciocínio.

9. Saber quanto anotar

Ficar apavorado por sentir que informações importantes estão sendo perdidas é sinal de que você está anotando em excesso. *Concentre-se nos pontos principais, resumindo-os ao máximo.* Deixe muito espaço em branco e então, assim que for possível, complete-os com exemplos e detalhes para ampliar a ideia geral.

10. Saber estudar as anotações

Procure ler as notas de aula sempre que possível depois de cada aula (e não somente em véspera de provas), marque pontos importantes e faça resumos. Este é um bom modo de começar seu tempo de estudo de cada dia. Ao reescrever suas notas de aula trabalhe, pense e verifique pontos. Não vale a pena recopiá-las de forma mecânica e caprichada.

LEITURA

11. Antes
Antes de começar a ler um livro ou capítulo de um livro, é interessante lê-lo "em diagonal", ou seja, olhar rapidamente todo o texto. Isto dará uma ideia geral do assunto do livro ou capítulo e do investimento de tempo que será preciso para a leitura total.

12. Durante
Durante a leitura, pare periodicamente e *reveja mentalmente pontos principais do que acaba de ser lido.* Ao final, olhe novamente o texto "em diagonal", para uma rápida revisão.

13. Ritmo
Ajuste a velocidade de leitura para adaptá-la ao nível de *dificuldade* do texto a ser lido.

14. Trechos difíceis
Ao encontrar dificuldades em partes importantes de um texto, volte a elas sistematicamente. Não perca tempo simplesmente relendo inúmeras vezes o mesmo trecho. Uma boa estratégia costuma ser uma mudança de tópico de estudo e um posterior retorno aos trechos mais difíceis.

15. Trechos essenciais
Tome notas do essencial do que se está lendo. Tomar notas não significa copiar simplesmente o texto que está sendo lido. Geralmente não se tem muito tempo de reler novamente os textos originais. Portanto, tomar notas é extremamente importante.

16. Textos em outras línguas
Uma parte dos textos e livros indicados não estarão em português. É importante ter uma técnica para ler textos em línguas das quais não se tem completo domínio. *Em princípio, não tente traduzir todas as palavras desconhecidas. Tente abstrair a ideia geral a partir do entendimento de algumas palavras-chave.* Sugere-se ter um bom dicionário, não apenas um de bolso ou direcionado para estudantes, pois estes são limitados. Para saber qual o melhor pergunte a um professor, ou informe-se em uma livraria que trabalhe com livros estrangeiros.

ASSISTÊNCIA À AULA

17. Atenção

Assistir a aula não quer dizer somente estar de corpo presente em sala. Na época de preparação para um concurso, se passa uma parte significativa do dia dentro de uma sala de aula. Deve-se aprender a aproveitar este tempo, prestando atenção e tirando dúvidas.

18. Dúvidas

Não deixe dúvidas que surjam durante uma aula para serem resolvidas depois. *Perguntas geralmente ajudam o andamento da aula, auxiliam o professor e muitas vezes envolvem dúvidas comuns a outros colegas.* Tenha em mente que o bom andamento de um assunto é corresponsabilidade do professor e da turma de alunos. Lembre-se que a dúvida de hoje pode ser um grande problema amanhã e isso irá atrapalhar seu estudo.

19. Em dia com a matéria

Acompanhar as aulas implica ter em dia o assunto das aulas anteriores. *Procure disciplinar-se neste sentido, pois será difícil recuperar uma aula não compreendida.*

CONCLUSÃO

Note que nem todas estas sugestões são necessariamente adequadas para todos os estudantes. Cada pessoa deve criar sua própria técnica de estudo. É muito importante pensar sobre isto e reconsiderar técnicas de estudo que não estão sendo adequadas. Uma técnica eficiente de estudo desenvolvida de hoje em diante irá ser extremamente proveitosa durante toda sua vida profissional.

Estrutura Atômica

CAPÍTULO **01**

01. **(2009)** Um elemento químico teórico M tem massa atômica igual a 24,31 u e apresenta os isótopos ^{24}M, ^{25}M e ^{26}M. Considerando os números de massa dos isótopos iguais às massas atômicas e sabendo-se que a ocorrência do isótopo 25 é de 10,00%, a ocorrência do isótopo 26 é

a)   31,35%   b)   80,00%   c)   10,50%

d)   69,50%   e)   46,89%

02. **(2010)** Considere as seguintes afirmações:

I   A configuração eletrônica, segundo o diagrama de Linus Pauling, do ânion trivalente de nitrogênio ($_7N^{3-}$), que se origina do átomo nitrogênio, é $1s^2\ 2\ s^2\ 2p^6$.

II   Num mesmo átomo, não existem dois elétrons com os quatro números quânticos iguais.

III   O íon $_{19}^{39}K^{+1}$ possui 19 nêutrons.

IV   Os íons Fe^{2+} e Fe^{3+} do elemento químico ferro diferem somente quanto ao número de prótons.

Das afirmações feitas, está(ão) CORRETA(S)

a)   apenas I e II.   b)   apenas I, II e III.   c)   apenas IV.

d)   apenas III e IV.   e)   todas.

03. **(2010)** A distribuição eletrônica do átomo de ferro (Fe), no estado fundamental, segundo o diagrama de Linus Pauling, em ordem energética, é $1s^2\ 2s^2\ 2p^6\ 3s^2\ 3p^6\ 4s^2\ 3d^6$.

Sobre esse átomo, considere as seguintes afirmações:

I   O número atômico do ferro (Fe) é 26.

II   O nível/subnível $3d^6$ contém os elétrons mais energéticos do átomo de ferro (Fe), no estado fundamental.

III   O átomo de ferro (Fe), no nível/subnível $3d^6$, possui 3 elétrons desemparelhados, no estado fundamental.

IV   O átomo de ferro (Fe) possui 2 elétrons de valência no nível 4 ($4s^2$), no estado fundamental.

8   TREINAMENTO EM QUÍMICA • **EsPCEx** • VOLUME II

Das afirmações feitas, está(ão) CORRETA(S)

a)   apenas I.   b)   apenas II e III.   c)   apenas III e IV.

d)   apenas I, II e IV.   e)   todas.

04.   (2010) Considere três átomos cujos símbolos são M, X e Z, e que estão nos seus estados fundamentais. Os átomos M e Z são isótopos, isto é, pertencem ao mesmo elemento químico; os átomos X e Z são isóbaros e os átomos M e X são isótonos. Sabendo que o átomo M tem 23 prótons e número de massa 45 e que o átomo Z tem 20 nêutrons, então os números quânticos do elétron mais energético do átomo X são:

Observação: Adote a convenção de que o primeiro elétron a ocupar um orbital possui o número quântico de spin igual a $-\frac{1}{2}$.

a) $n = 3; \ell = 0; m = 2; s = -\frac{1}{2}$.   b) $n = 3; \ell = 2; m = 0; s = -\frac{1}{2}$.

c) $n = 3; \ell = 2; m = -2; s = -\frac{1}{2}$.   d) $n = 3; \ell = 2; m = -2; s = \frac{1}{2}$.

e) $n = 4; \ell = 1; m = 0; s = -\frac{1}{2}$.

05.   (2010) Considere as seguintes afirmações, referentes à evolução dos modelos atômicos:

I   No modelo de Dalton, o átomo é dividido em prótons e elétrons.

II   No modelo de Rutherford, os átomos são constituídos por um núcleo muito pequeno e denso e carregado positivamente. Ao redor do núcleo estão distribuídos os elétrons, como planetas em torno do Sol.

III   O físico inglês Thomson afirma, em seu modelo atômico, que um elétron, ao passar de uma órbita para outra, absorve ou emite um quantum (fóton) de energia.

Das afirmações feitas, está(ão) CORRETA(S)

a)   apenas III.   b)   apenas I e II.   c)   apenas II e III.

d)   apenas II.   e)   todas.

CAPÍTULO 02

TABELA PERIÓDICA

01. (2009) Considere as seguintes afirmações:

I   O último nível de energia de um átomo, cujo número quântico principal é igual a 4, pode ter, no máximo, 32 elétrons.

II No estado fundamental, o átomo de fósforo possui três elétrons desemparelhados.

III O átomo de nitrogênio é mais eletronegativo que o átomo de flúor.

IV A primeira energia de ionização do átomo de nitrogênio é menor que a primeira energia de ionização do átomo de fósforo.

V   A configuração eletrônica $1s^2\ 2s^1\ 2p^1_x\ 2p^1_y\ 2p^1_z$ representa um estado ativado (ou excitado) do átomo de carbono.

Dados

Elemento Químico	C (Carbono)	F (Flúor)	P (Fósforo)	N (Nitrogênio)
Número Atômico	Z = 6	Z = 9	Z = 15	Z = 7

Das afirmações feitas, estão CORRETAS

a) apenas I, II, IV e V.   b) apenas III, IV e V.
c) apenas I, II e V.   d) apenas IV e V.
e) todas.

02. (2010) Observe o esquema da Tabela Periódica (suprimidas a Série dos Lantanídeos e a Série dos Actinídeos), no qual estão destacados os elementos químicos.

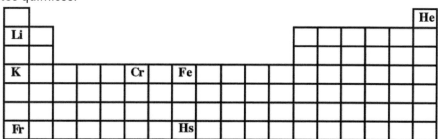

Sobre tais elementos químicos, assinale a alternativa CORRETA.

a) He (hélio) é um calcogênio.
b) Cr (crômio) pertence à Família 6 ou VI B e ao 4º período.

c) O raio atômico do Fr (frâncio) é menor que o raio atômico do Hs (hássio).

d) Fe (ferro) e Hs (hássio) pertencem ao mesmo período e à mesma família.

e) Li (lítio), K (potássio) e Fr (frâncio) apresentam o seu elétron mais energético situado no subnível p.

03. (2012) São dadas as seguintes afirmativas:

I Joseph J. Thomson, em seu modelo atômico, descrevia o átomo como uma estrutura na qual a carga positiva permanecia no centro, constituindo o núcleo, enquanto as cargas negativas giravam em torno desse núcleo;

II um átomo, no estado fundamental, que possui 20 elétrons na sua eletrosfera, ao perder dois elétrons, gerará um cátion bivalente correspondente, com configuração eletrônica – segundo o diagrama de Linus Pauling – igual a $1s^2\ 2s^2\ 2p^6\ 3s^2\ 3p^6$;

III a afinidade eletrônica (eletroafinidade) aumenta conforme o raio atômico diminui. Dessa forma, devido ao seu menor raio atômico, o oxigênio ($Z = 8$) possui maior afinidade eletrônica do que o enxofre ($Z = 16$), ambos pertencentes à mesma família da Tabela Periódica;

IV o raio de um íon negativo (ânion) é sempre menor que o raio do átomo que lhe deu origem.

Das afirmações feitas, utilizando os dados acima, estão CORRETAS apenas:

a) I e II.   b) I e III.   c) II e III.   d) I e IV.   e) II e IV.

CAPÍTULO **03**

Ligações Químicas

01. **(2009)** Assinale a alternativa CORRETA:

a) A condutividade elétrica dos metais é explicada admitindo-se a existência de nêutrons livres.

b) O nitrato de sódio é um composto iônico, mas que apresenta ligações covalentes entre o átomo de nitrogênio e os átomos de oxigênio.

c) Uma molécula com ligações polares pode somente ser classificada, quanto à sua polaridade, como uma molécula polar.

d) Não existe força de atração entre moléculas apolares.

e) As forças de atração entre as moléculas do ácido bromídrico são denominadas ligações de hidrogênio.

02. **(2009)** O dissulfeto de carbono, CS_2, é um líquido incolor, volátil, que pode ser produzido em erupções vulcânicas.
Sobre essa substância, considere as seguintes afirmações:

I A geometria da molécula do dissulfeto de carbono é igual à geometria da molécula da água.

II O dissulfeto de carbono é um líquido totalmente solúvel em água, nas condições ambientes.

III As interações entre as moléculas do dissulfeto de carbono são do tipo dipolo induzido – dipolo induzido.

	Elemento Químico	C (Carbono)	H (Hidrogênio)	O (Oxigênio)	S (Enxofre)
Dados	Número Atômico	$Z = 6$	$Z = 1$	$Z = 8$	$Z = 16$

Das afirmações feitas, está(ão) CORRETA(S)

a) apenas III. b) apenas II e III. c) apenas I e II.

d) apenas II. e) todas.

03. **(2010)** O íon nitrato (NO_3^-), a molécula de amônia (NH_3), a molécula de dióxido de enxofre (SO_2) e a molécula de ácido bromídrico (HBr) apresentam, respectivamente, a seguinte geometria:

Dados	Elemento Químico	C (Carbono)	N (Nitrogênio)	Cℓ (Cloro)	H (Hidrogênio)
	Número Atômico	Z = 7	Z = 8	Z = 17	Z = 1

a) piramidal; trigonal plana; linear; angular.

b) trigonal plana; piramidal; angular; linear.

c) piramidal; trigonal plana; angular; linear.

d) trigonal plana; piramidal; trigonal plana; linear.

e) piramidal; linear; trigonal plana; tetraédrica.

04. **(2010)** Assinale a alternativa CORRETA:

Dados	Elemento Químico	N (Nitrogênio)	O (Oxigênio)	H (Hidrogênio)	S (Enxofre)	Br (Bromo)
	Número Atômico	Z = 7	Z = 8	Z = 1	Z = 16	Z = 35

a) A fórmula estrutural $N \equiv N$ indica que os átomos de nitrogênio estão compartilhando três pares de prótons.

b) A espécie química NH_4^+ (amônio) possui duas ligações covalentes (normais) e duas ligações covalentes dativas (coordenadas).

c) O raio de um cátion é maior que o raio do átomo que lhe deu origem.

d) Na molécula de $CC\ell_4$, a ligação entre o átomo de carbono e os átomos de cloro é do tipo iônica.

e) Se em uma substância existir pelo menos uma ligação iônica, essa substância será classificada como um composto iônico.

05. **(2011)** São dadas as Tabelas abaixo. A Tabela I apresenta a correspondência entre as substâncias representadas pelas letras x, m, r e z e suas respectivas temperaturas de ebulição.

A Tabela II mostra os elementos químicos (H, F, Cℓ, Br e I) e suas respectivas massas atômicas.

Tabela I

Substância	Temperatura de ebulição (°C)
x	20
m	−35
r	−67

Tabela II

Elemento	Massa Atômica (u)
H - (Hidrogênio)	1
F - (Flúor)	19
Cℓ - (Cloro)	35,5

x	−85

Br - (Bromo)	80
I - (Iodo)	127

Com base nas Tabelas acima, são feitas as seguintes afirmações:

I   As substâncias correspondentes a x, m, r e z são, respectivamente, HF, HI, HBr e HCℓ.

II As moléculas de HCℓ, HBr e HI são unidas por forças do tipo pontes ou ligações de hidrogênio.

III Das substâncias em questão, o HI apresenta a maior temperatura de ebulição, tendo em vista possuir a maior massa molar.

Das afirmações feitas, está(ão) CORRETA(S) apenas:

a) I.   b) II.   c) III.   d) I e III.   e) II e III.

06. **(2011)** A seguir são apresentadas as configurações eletrônicas, segundo o diagrama de Linus Pauling, nos seus estados fundamentais, dos átomos representados, respectivamente, pelos algarismos I, II, III e IV.

I $1s^2\, 2s^2\, 2p^6$ II $1s^2\, 2s^2\, 2p^6\, 3s^1$

III $1s^2\, 2s^2\, 2p^6\, 3s^2$ IV $1s^2\, 2s^2\, 2p^6\, 3s^2\, 3p^5$

Com base nessas informações, a alternativa CORRETA é:

a) O ganho de um elétron pelo átomo IV ocorre com absorção de energia.

b) Dentre os átomos apresentados, o átomo I apresenta a menor energia de ionização.

c) O átomo III tem maior raio atômico que o átomo II.

d) O cátion monovalente oriundo do átomo II é isoeletrônico em relação ao átomo III.

e) A ligação química entre o átomo II e o átomo IV é iônica.

CAPÍTULO **04**

REAÇÕES QUÍMICAS

01. **(2009)** Um professor de Química, durante uma aula experimental, pediu a um de seus alunos que fosse até o armário e retornasse trazendo, um por um, nesta ordem: um oxiácido inorgânico; um diácido; um sal de metal alcalino; uma substância que, após aquecimento, pode gerar dióxido de carbono ($CO_2(g)$); e um sal ácido.

Assinale a alternativa que corresponde à sequência de fórmulas moleculares que atenderia corretamente ao pedido do professor.

a) H_2SO_3, H_3BO_3, $CaSO_4$, $NaHCO_3$, $Ca(C\ell)C\ell O$

b) H_3PO_3, H_2SO_4, $NaC\ell O$, $HC\ell O_2$, $CaSO_4 \cdot 2\,H_2O$

c) H_2CO_3, H_2SO_4, Na_2CO_3, $MgCO_3$, $A\ell(OH)_2C\ell$

d) H_2S, H_2CO_3, $Ca_3(PO_4)_2$, H_2CO_3, $NaLiSO_4$

e) $HC\ell O_4$, H_2CO_3, Na_2CO_3, $CaCO_3$, $NaHCO_3$

02. **(2009)** Assinale a alternativa CORRETA:

a) Ácido é toda substância que, em solução aquosa, sofre dissociação iônica, liberando como único cátion o H^-.

b) O hidróxido de sódio, em solução aquosa, sofre ionização, liberando como único tipo de cátion o H^+.

c) Óxidos anfóteros não reagem com ácidos ou com bases.

d) Os peróxidos apresentam na sua estrutura o grupo $(O_2)^{-2}$, no qual cada átomo de oxigênio apresenta número de oxidação (NOX) igual a –4 (menos quatro).

e) Sais são compostos capazes de se dissociar na água liberando íons, mesmo que em pequena porcentagem, dos quais pelo menos um cátion é diferente de H_3O^+ e pelo menos um ânion é diferente de OH^-.

03. **(2009)** Analise as afirmações I, II, III e IV abaixo referente(s) à(s) característica(s) e/ou informação(ões) sobre algumas substâncias, nas condições ambientes:

I   A substância é a principal componente do sal de cozinha e pode ser obtida pela evaporação da água do mar. Dentre seus muitos usos podemos citar: a produção de soda cáustica e a conservação de carnes.

16 TREINAMENTO EM QUÍMICA • EsPCEx • VOLUME II

II A substância é classificada como composta, e pode fazer parte da chuva ácida. Dentre seus muitos usos, podemos citar: utilização em baterias de automóveis e na produção de fertilizantes, como o sulfato de amônio.

III A substância em solução aquosa é vendida em drogarias e utilizada como antisséptico e alvejante. Algumas pessoas utilizam essa substância para clarear pelos e cabelos.

IV A substância é classificada como simples, tem seu ponto de ebulição igual a −195,8 °C, é a mais abundante no ar atmoférico e reage com o gás hidrogênio produzindo amônia.

As substâncias que correspondem às afirmações I, II, III e IV são, respectivamente,

a) cloreto de sódio, ácido sulfúrico, permanganato de potássio, dióxido de enxofre

b) cloreto de sódio, ácido clorídrico, peróxido de hidrogênio, dióxido de carbono

c) cloreto de sódio, ácido muriático, óxido férrico, gás oxigênio

d) cloreto de sódio, ácido sulfúrico, peróxido de hidrogênio, gás nitrogênio

e) sulfato de alumínio, ácido muriático, óxido ferroso, gás nitrogênio

04. **(2010)** O quadro a seguir relaciona algumas substâncias químicas e sua(s) aplicação(ões) ou característica(s) frequentes no cotidiano.

Ordem	Substâncias	Aplicações / Características
I	Hipoclorito de sódio	Alvejante, agente antisséptico
II	Ácido nítrico	Indústria de explosivos
III	Hidróxido de amônio	Produção de fertilizantes e produtos de limpeza
IV	Óxido de cálcio	Controle de acidez do solo e caiação

As fórmulas químicas das substâncias citadas nesse quadro são, na ordem, respectivamente:

a) $I - NaC\ell O$; $II - HNO_3$; $III - NH_4OH$; $IV - CaO$.

b) $I - NaC\ell O_4$; $II - HNO_3$; $III - NH_3OH$; $IV - CaO$.

c) $I - NaC\ell O$; $II - HNO_3$; $III - NH_3OH$; $IV - CaO$.

d) $I - NaC\ell O$; $II - HNO_2$; $III - NH_4OH$; $IV - CaO_2$.

e) $I - NaC\ell O_4$; $II - HNO_2$; $III - NH_3OH$; $IV - CaO_2$.

REAÇÕES QUÍMICAS

05. **(2011)** A tabela abaixo apresenta alguns dos produtos químicos existentes em uma residência.

Produto	Um dos componentes do produto	Fórmula do componente
Sal de cozinha	Coreto de sódio	NaCℓ
Açúcar	Sacarose	$C_{12}H_{22}O_{11}$
Refrigerante	Ácido carbônico	H_2CO_3
Limpa-forno	Hidróxido de sódio	NaOH

Assinale a alternativa CORRETA:

a) O cloreto de sódio é um composto iônico que apresenta alta solubilidade em água e, no estado sólido, apresenta boa condutividade elétrica.

b) A solução aquosa de sacarose é uma substância molecular que conduz muito bem a corrente elétrica devido à formação de ligações de hidrogênio entre as moléculas de sacarose e a água.

c) O hidróxido de sódio e o cloreto de sódio são compostos iônicos que, quando dissolvidos em água, sofrem dissociação, em que os íons formados são responsáveis pelo transporte de cargas.

d) Soluções aquosas de sacarose e de cloreto de sódio apresentam condutividade elétrica maior que aquela apresentada pela água destilada (pura), pois existe a formação de soluções eletrolíticas, em ambas as soluções.

e) O ácido carbônico é um diácido, muito estável, sendo considerado como ácido forte, não conduz corrente elétrica.

06. **(2011)** Assinale a alternativa que descreve corretamente as fórmulas químicas nas equações químicas das reações a seguir:

I   mono-hidrogenossulfito de potássio + ácido clorídrico → ácido sulfuroso + cloreto de potássio

II   fosfato de cálcio + dióxido de silício + carvão → metassilicato de cálcio + monóxido de carbono + fósforo branco

a)
I $KHSO_3 + HCℓ → H_2SO_4 + CaCℓ$
II $2\ Ca_2(PO_4)_3 + 6\ CiO_2 + 10\ C → 6\ CaCiO_2 + 10\ CO_2 + F_4$

b)
I $KHSO_4 + HCℓ → H_2SO_2 + KCℓO$
II $2\ Ca(PO_4)_2 + 6\ SiO + 10\ C → 6\ CaSiO_2 + 10\ CO + P_4$

18   TREINAMENTO EM QUÍMICA • EsPCEx • VOLUME II

c)
   I $KHSO_2 + HC\ell \rightarrow H_2SO_3 + KHC\ell$
   II $2\ CaPO_3 + 6\ SiO_2 + 10\ C \rightarrow 6\ CaSiO_4 + 10\ CO + PH_4$

d)
   I $KHSO_3 + HC\ell \rightarrow H_2SO_3 + KC\ell$
   II $2\ Ca_3(PO_4)_2 + 6\ SiO_2 + 10\ C \rightarrow 6\ CaSiO_3 + 10\ CO + P_4$

e)
   I $NaHCO_3 + HC\ell \rightarrow H_2CO_3 + NaC\ell$
   II $2\ Ca_3(PO_4)_2 + 6\ SiO + 10\ C \rightarrow 6\ CaSiO_2 + 10\ CO + P_4$

07. **(2011)** A composição química do cimento Portland, utilizado na construção civil, varia ligeiramente conforme o que está indicado na tabela abaixo:

Substância	Percentagem (%)
Óxido de cálcio	61 a 67
Dióxido de silício	20 a 23
Óxido de alumínio	4,5 a 7,0
Óxido de ferro III	2,0 a 3,5
Óxido de magnésio	0,8 a 6,0
Trióxido de enxofre	1,0 a 2,3
Óxidos de sódio e potássio	0,5 a 1,3

Dados:
Massas atômicas em unidade de massa atômica (u):
O (Oxigênio) = 16
Fe (Ferro) = 56
Considere:
Número de Avogadro = $6,0 \cdot 10^{23}$

Assinale a alternativa CORRETA:

a)   O óxido de cálcio (CaO), o óxido de potássio (K_2O) e o óxido de sódio (Na_2O) são classificados como óxidos ácidos.

b)   O óxido de ferro III tem fórmula química igual a Fe_3O_2.

c)   São classificados como óxidos neutros o óxido de magnésio e o óxido de alumínio.

d)   O trióxido de enxofre também é chamado de anidrido sulfuroso.

e)   Em 1 kg de cimento para rejuntar azulejos de uma cozinha, o valor mínimo do número de átomos de ferro, utilizando a tabela, é $1,5 \cdot 10^{23}$.

08. **(2011)** O quadro a seguir relaciona ordem, equação química e onde as mesmas ocorrem:

Ordem	Equação Química	Ocorrem
I	$3\ Ca(OH)_2(aq) + A\ell_2(SO_4)_3(aq) \rightarrow$ $2\ A\ell(OH)_3(s) + Ca(SO_4)(aq)$	Tratamento de água
II	$2\ Mg(s) + 1\ O_2(g) \rightarrow 2\ MgO(s)$	Flash fotográfico

REAÇÕES QUÍMICAS 19

III	$Zn(s) + 2\ HC\ell(aq) \rightarrow ZnC\ell_2 + H_2$	Ataque de ácido clorídrico a lâminas de zinco
IV	$NH_4HCO_3(s) \rightarrow CO_2(g) + NH_3(g) + H_2O(\ell)$	Fermento químico

As equações químicas I, II, III e IV correspondem, nessa ordem, aos seguintes tipos de reação:

a) I-síntese;   II-análise; III-deslocamento e IV-dupla troca

b) I-dupla troca;   II-síntese; III-deslocamento e IV-análise

c) I-análise;   II-síntese; III-deslocamento e IV-dupla troca

d) I-síntese;   II-análise; III-dupla troca e   IV-deslocamento

e) I-deslocamento; II-análise; III-síntese e   IV-dupla troca

09. **(2012)** Considere os seguintes óxidos:

I   MgO   II   CO   III CO_2 IV CrO_3 V Na_2O

Os óxidos que, quando dissolvidos em água pura, reagem produzindo bases são

a) apenas II e III.   b) apenas I e V.   c) apenas III e IV.

d) apenas IV e V.   e) apenas I e II.

CAPÍTULO **05**

ESTEQUIOMETRIA

01. **(2009)** Uma quantidade de 5828 g de mistura de óxido de sódio (Na_2O) e óxido de potássio (K_2O) foi tratada com uma solução de ácido clorídrico que continha 300 mols de HCℓ. Admitindo-se que toda a mistura de óxidos reagiu com parte do HCℓ, e que o excesso de HCℓ necessitou de 144 mols de hidróxido de sódio (NaOH) para ser totalmente neutralizado, então a composição percentual, *em massa* de Na_2O e de K_2O era, respectivamente,

Dados

Massas Atômicas		
Na	K	O
23 u	39 u	16 u

a) 28% e 72%. b) 42% e 58%. c) 50% e 50%.
d) 58% e 42%. e) 80% e 20%.

02. **(2009)** Uma amostra de 1,72 g de sulfato de cálcio hidratado ($CaSO_4 \cdot n\ H_2O$), onde "n" representa o número de molécula(s) de água (H_2O), é aquecida até a eliminação total da água de hidratação, restando uma massa de 1,36 g de sulfato de cálcio anidro.

Dados

Massas Atômicas			
Ca	S	H	O
40 u	32 u	1 u	16 u

A fórmula molecular do sal hidratado é:

a) $CaSO_4 \cdot 1\ H_2O$ b) $CaSO_4 \cdot 2\ H_2O$ c) $CaSO_4 \cdot 3\ H_2O$
d) $CaSO_4 \cdot 4\ H_2O$ e) $CaSO_4 \cdot 5\ H_2O$

03. **(2010)** A fabricação industrial do ácido sulfúrico envolve três etapas reacionais consecutivas que estão representadas abaixo pelas equações não balanceadas:

$$\text{Etapa I} \quad S_8(s) \ + \ O_2(g) \ \rightarrow \ SO_2(g)$$
$$\text{Etapa II} \quad SO_2(g) \ + \ O_2(g) \ \rightarrow \ SO_3(g)$$
$$\text{Etapa III} \quad SO_3(g) \ + \ H_2O(\ell) \ \rightarrow \ H_2SO_4(aq)$$

Considerando as etapas citadas e admitindo que o rendimento de cada etapa da obtenção do ácido sulfúrico por esse método é de 100%, então a massa de enxofre ($S_8(s)$) necessária para produzir 49 g de ácido sulfúrico ($H_2SO_4(aq)$) é:

TREINAMENTO EM QUÍMICA • EsPCEx • VOLUME II

Dados	Massas Atômicas		
	H	S	O
	1 u	32 u	16 u

a) 20,0 g b) 18,5 g c) 16,0 g d) 12,8 g e) 32,0 g

04. (2011) Dada a equação balanceada de detonação do explosivo nitroglicerina de fórmula $C_3H_5(NO_3)_3(\ell)$:

$$4 \, C_3H_5(NO_3)_3(\ell) \rightarrow 6 \, N_2(g) + 12 \, CO(g) + 10 \, H_2O(g) + 7 \, O_2(g)$$

Considerando os gases acima como ideais, a temperatura de 300 kelvins (K) e a pressão de 1 atm, o volume gasoso total que será produzido na detonação completa de 454 g de $C_3H_5(NO_3)_3(\ell)$ é:

Dados	Elemento	(H) hidrogênio	C (carbono)	O (oxigênio)	N (nitrogênio)
	Massa Atômica (u)	1	12	16	14
	Constante universal dos gases: $R = 8,2 \cdot 10^{-2}$ atm $\cdot$ L $\cdot$ K^{-1} $\cdot$ mol^{-1}				

a) 639,6 L   b) 245,0 L   c) 430,5 L
d) 825,3 L   e) 350,0 L

05. (2011) Um laboratorista pesou separadamente uma amostra I, de hidróxido de sódio (NaOH), e uma amostra II, de óxido de cálcio (CaO), e, como não dispunha de etiquetas, anotou somente a soma das massas das amostras (I + II) igual a 11,2 g.

Cada uma das amostras I e II foi tratada separadamente com ácido sulfúrico (H_2SO_4) produzindo, respectivamente, sulfato de sódio (Na_2SO_4) mais água (H_2O) e sulfato de cálcio ($CaSO_4$) mais água (H_2O). Considere o rendimento das reações em questão igual a 100%.

Sendo a soma das massas dos sais produzidos ($Na_2SO_4 + CaSO_4$) igual a 25,37 g, então a massa da amostra I de hidróxido de sódio (NaOH) e a massa de amostra II de óxido de cálcio (CaO) são, respectivamente:

Dados	Elemento	Na (sódio)	Ca (cálcio)	O (oxigênio)	H (hidrogênio)	S (enxofre)
	Massa Atômica (u)	23	40	16	1	32

a) 6,8 g e 4,4 g.   b) 10,0 g e 1,2 g.   c) 4,5 g e 6,7 g.
d) 2,8 g e 8,4 g.   e) 5,5 g e 5,7 g.

ESTEQUIOMETRIA 23

06. **(2011)** Um antiácido estomacal contém bicarbonato de sódio ($NaHCO_3$) que neutraliza o excesso de ácido clorídrico ($HC\ell$), no suco gástrico, aliviando os sintomas da azia, segundo a equação:

$$HC\ell(aq) + NaHCO_3(aq) \rightarrow NaC\ell(aq) + H_2O(\ell) + CO_2(g)$$

Sobre essas substâncias, são feitas as seguintes afirmações:

I   A fórmula estrutural do bicarbonato de sódio e do ácido clorídrico são respectivamente:

$$\text{Na}^{1+}\left[\begin{array}{c} \text{O} \\ \text{C} \\ \text{O} \end{array} \text{=O}-\text{H}\right]^{1-} \text{e } \text{H} = \text{Cl}$$

II Na reação entre o bicarbonato de sódio e o ácido clorídrico, ocorre uma reação de oxidorredução.

III O antiácido contém 4,200 g de bicarbonato de sódio para neutralização total de 1,825 g do ácido clorídrico presente no suco gástrico.

	Elemento	H (hidrogênio)	C (carbono)	O (oxigênio)	Na (sódio)	Cℓ (cloro)
Dados	Massa Atômica (u)	1	12	16	23	35,5
	Número Atômico	1	6	8	11	17

Das afirmações feitas, está(ão) CORRETA(S)

a) apenas I e II.   b) apenas II e III.   c) apenas I e III.

d) apenas III.   e) apenas II.

07. **(2012)** O etino, também conhecido como acetileno, é um alcino muito importante na Química. Esse composto possui várias aplicações, dentre elas o uso como gás de maçarico oxiacetilênico, cuja chama azul atinge temperaturas em torno de 3000 °C.

A produção industrial do gás etino está representada, abaixo, em três etapas, conforme as equações balanceadas:

Etapa I $CaCO_3(s) \rightarrow CaO(s) + CO_2(g)$

Etapa II $CaO(s) + 3\ C(s) \rightarrow CaC_2(s) + CO(g)$

Etapa III $CaC_2(s) + 2\ H_2O(\ell) \rightarrow Ca(OH)_2(aq) + C_2H_2(g)$

	Elemento Químico	H–Hidrogênio	C–Carbono	O–Oxigênio	Ca–Cálcio
Dados	Massa Atômica	1 u	12 u	16 u	40 u

24 TREINAMENTO EM QUÍMICA • **EsPCEx** • VOLUME II

Considerando as etapas citadas e admitindo que o rendimento de cada etapa da obtenção do gás etino por esse método é de 100%, então a massa de carbonato de cálcio ($CaCO_3(s)$) necessária para produzir 5,2 g do gás etino ($C_2H_2(g)$) é

a) 20,0 g   b) 18,5 g   c) 16,0 g   d) 26,0 g   e) 28,0 g

08. **(2013)** Considerando a equação não balanceada da reação de combustão do gás butano descrita por $C_4H_{10}(g) + O_2(g) \rightarrow CO_2(g) + H_2O(g)$, a 1 atm e 25 °C (condições padrão) e o comportamento desses como gases ideais, o volume de gás carbônico produzido pela combustão completa do conteúdo de uma botija de gás contendo 174,0 g de butano é:

Dados | Massas Atômicas: C = 12 u; O = 16 u e H = 1 u; Volume molar nas condições padrão = 24,5 L·mol⁻¹.

a) 1000,4 L   b) 198,3 L   c) 345,6 L
d) 294,0 L   e) 701,1 L

SOLUÇÕES

CAPÍTULO **06**

01. **(2011)** Foram misturados 100 mL de solução aquosa 0,5 mol · L^{-1} de sulfato de potássio (K_2SO_4) com 100 mL de solução aquosa 0,4 mol · L^{-1} de sulfato de alumínio ($A\ell_2(SO_4)_3$), admitindo-se a solubilidade total das espécies. A concentração em mol · L^{-1} dos íons sulfato (SO_4^{2-}) presentes na solução final é :

a)   0,28 mol · L^{-1} b)   0,36 mol · L^{-1} c)   0,40 mol · L^{-1}

d)   0,63 mol · L^{-1} e)   0,85 mol · L^{-1}

02. **(2012)** Uma amostra de 5 g de hidróxido de sódio (NaOH) impuro foi dissolvida em água suficiente para formar 1 L de solução.

Uma alíquota de 10 mL dessa solução aquosa consumiu, numa titulação, 20 mL de solução aquosa de ácido clorídrico ($HC\ell$) de concentração igual 0,05 mol·L^{-1}.

Dados	Elemento Químico	Na–Sódio	H–Hidrogênio	O–Oxigênio	Cℓ–Cloro
	Massa Atômica	23 u	1 u	16 u	35,5 u

Admitindo-se que as impurezas do NaOH não reagiram com nenhuma substância presente no meio reacional, o grau de pureza, em porcentagem, de NaOH na amostra é

a)   10%   b)   25%   c)   40%   d)   65%   e)   80%

Capítulo 07

Termoquímica

01. **(2009)** São dadas as seguintes informações relativas às reações que ocorrem à temperatura de 25 °C e à pressão de 1 atm.

I 4 Fe(s) + 12 H$_2$O(ℓ) → 4 Fe(OH)$_3$(s) + 6 H$_2$(g) ΔH = +643,96 kJ

II 6 H$_2$O(ℓ) + 2 Fe$_2$O$_3$(s) → 4 Fe(OH)$_3$(s) ΔH = +577,38 kJ

III 6 H$_2$(g) + 3 O$_2$(g) → 6 H$_2$O(ℓ) ΔH = −1714,98 kJ

Com base nesses dados, é possível afirmar que, quando há produção de somente 1 (um) mol de óxido de ferro III, a partir de substâncias simples, ocorre

a) absorção de 1012,6 kJ.
b) liberação de 1012,6 kJ.
c) absorção de 824,2 kJ.
d) liberação de 824,2 kJ.
e) liberação de 577,38 kJ.

02. **(2010)** Considere o gráfico abaixo da reação representada pela equação química:

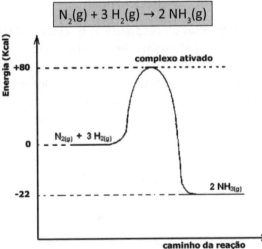

Gráfico Fora de Escala

Relativo ao gráfico envolvendo essa reação e suas informações, são feitas as seguintes afirmações:

I O valor da energia envolvida por um mol de NH$_3$ formado é 22 kcal.

II O valor da energia de ativação dessa reação é 80 kcal.

III O processo que envolve a reação N_2 (g) + 3 H_2 (g) → 2 NH_3(g) é endotérmico.

Das afirmações feitas, está(ão) CORRETA(S)

a) apenas III.
b) apenas II e III.
c) apenas I e II.
d) apenas II.
e) todas.

03. (2011) Considere, no quadro abaixo, as seguintes entalpias de combustão nas condições-padrão (25 °C e 1 atm), expressas em kJ · mol^{-1}.

Fórmula molecular e fase de agregação	$\Delta H^0_{combustão}$
$C_{grafita}$(s)	−393,3
H_2(g)	−285,8
C_4H_{10}(g)	−2878,6

A alternativa que corresponde ao valor da entalpia da reação abaixo, nas condições-padrão, é:

$$4\ C_{grafita}(s) + 5\ H_2(g) → C_4H_{10}(g)$$

a) +68,6 kJ·mol^{-1}
b) −123,6 kJ·mol^{-1}
c) +248,8 kJ·mol^{-1}
d) +174,4 kJ·mol^{-1}
e) −352,5 kJ·mol^{-1}

Baseado no texto a seguir responda as questões nº 04 e nº 05

Reações conhecidas pelo nome de Termita são comumente utilizadas em granadas incendiárias para destruição de artefatos, como peças de morteiro, por atingir temperaturas altíssimas devido à intensa quantidade de calor liberada e por produzir ferro metálico na alma das peças, inutilizando-as. Uma reação de Termita muito comum envolve a mistura entre alumínio metálico e óxido de ferro III, na proporção adequada, e gera como produtos o ferro metálico e o óxido de alumínio, além de calor, conforme mostra a equação da reação:

$$2\ A\ell(s) + Fe_2O_3(s) → 2\ Fe(s) + A\ell_2O_3(s)$$
Reação de Termita

Dados: Massas Atômicas: $A\ell$ = 27 u; Fe = 56 u e O = 16 u

Entalpia Padrão de Formação: $\Delta H^0_f(A\ell_2O_3)$ = −1675,7 kJ·mol^{-1} $\Delta H^0_f(Fe_2O_3)$ = −824,2 kJ·mol^{-1}

$\Delta H^0_f(A\ell^0)$ = 0 $\Delta H^0_f(Fe^0)$ = 0

04. **(2013)** Considerando que para a inutilização de uma peça de morteiro seja necessária a produção de 336 g de ferro metálico na alma da peça e admitindo-se o alumínio como reagente limitante e o rendimento da reação de 100% em relação ao alumínio, a proporção em porcentagem de massa de alumínio metálico que deve compor 900 g da mistura de termita supracitada (alumínio metálico e óxido de ferro III) na granada incendiária, visando a inutilização desta peça de morteiro, é de

a) 3%   b) 18%   c) 32%   d) 43%   e) 56%

05. **(2013)** Considerando a equação de reação de Termita apresentada e os valores de entalpia (calor) padrão das substâncias componentes da mistura, a variação de entalpia da reação de Termita é de

a) $\Delta H^0_r = +2111,2$ kJ   b) $\Delta H^0_r = -1030,7$ kJ   c) $\Delta H^0_r = -851,5$ kJ

d) $\Delta H^0_r = -332,2$ kJ   e) $\Delta H^0_r = -1421,6$ kJ

| | CAPÍTULO **08** |

CINÉTICA QUÍMICA

01. **(2009)** Considere a sequência de reações associadas ao processo de oxidação do dióxido de enxofre.

ETAPA 1 $SO_2 (g) + NO_2 (g) \rightarrow SO_3 (g) + NO(g)$ LENTA

ETAPA 2 $2 NO(g) + O_2 (g) \rightarrow 2 NO_2 (g)$ RÁPIDA

A alternativa que apresenta corretamente o catalisador e a expressão da lei da velocidade para a reação global é:

a)   catalisador NO e $v = k \cdot [SO_2]^2 \cdot [O_2]$

b)   catalisador NO_2 e $v = k \cdot [SO_2]^2 \cdot [O_2]$

c)   catalisador NO_2 e $v = k \cdot [SO_2] \cdot [NO_2]$

d)   catalisador NO e $v = k \cdot [SO_2] \cdot [NO_2]$

e)   catalisador O_2 e $v = k \cdot [SO_2] \cdot [NO_2]$

02. **(2010)** Considere a equação balanceada:

$$4 NH_3 + 5 O_2 \rightarrow 4 NO + 6 H_2O$$

Admita a variação de concentração em mol por litro ($mol \cdot L^{-1}$) do monóxido de nitrogênio (NO) em função do tempo em segundos (s), conforme os dados, da tabela abaixo:

[NO] ($mol \cdot L^{-1}$)	0	0,15	0,25	0,31	0,34
Tempo (s)	0	180	360	540	720

A velocidade média, em função do monóxido de nitrogênio (NO), e a velocidade média da reação acima representada, no intervalo de tempo de 6 a 9 minutos (min), são, respectivamente, em $mol \cdot L^{-1} \cdot min^{-1}$:

a) $2 \cdot 10^{-2}$ e $5 \cdot 10^{-3}$ b) $5 \cdot 10^{-2}$ e $2 \cdot 10^{-2}$ c) $3 \cdot 10^{-2}$ e $2 \cdot 10^{-2}$

d) $2 \cdot 10^{-2}$ e $2 \cdot 10^{-3}$ e) $2 \cdot 10^{-3}$ e $8 \cdot 10^{-2}$

03. **(2011)** Os dados da tabela abaixo, obtidos experimentalmente em idênticas condições, referem-se à reação:

$$3 A + 2 B \rightarrow C + 2 D$$

Experiência	Concentração de A [A] em mol·L^{-1}	Concentração de B [B] em mol·L^{-1}	Velocidade v em mol·L^{-1}·min^{-1}
1	2,5	5,0	5,0
2	5,0	5,0	20,0
3	5,0	10,0	20,0

Baseando-se na tabela, são feitas as seguintes afirmações:

I   A reação é elementar.

II A expressão da velocidade da reação é v = K·[A]^3·[B]^2.

III A expressão da velocidade da reação é v = K·[A]^2·[B]^0.

IV Dobrando-se a concentração de B, o valor da velocidade da reação não se altera.

V   A ordem da reação em relação a B é 1 (1ª ordem).

Das afirmações feitas, utilizando os dados acima, estão CORRETAS apenas:

a)   I e II.   b)   I, II e III.   c)   II e III.

d)   III e IV.   e)   III, IV e V.

04.   (2012) A água oxigenada ou solução aquosa de peróxido de hidrogênio (H_2O_2) é uma espécie bastante utilizada no dia a dia na desinfecção de lentes de contato e ferimentos. A sua decomposição produz oxigênio gasoso e pode ser acelerada por alguns fatores como o incremento da temperatura e a adição de catalisadores. Um estudo experimental da cinética da reação de decomposição da água oxigenada foi realizado alterando-se fatores como a temperatura e o emprego de catalisadores, seguindo as condições experimentais listadas na tabela a seguir:

Condição Experimental	Tempo de Duração da Reação no Experimento (t)	Temperatura (°C)	Catalisador
1	t_1	60	ausente
2	t_2	75	ausente
3	t_3	90	presente
4	t_4	90	ausente

Analisando os dados fornecidos, assinale a alternativa CORRETA que indica a ordem crescente dos tempos de duração dos experimentos.

a) $t_1 < t_2 < t_3 < t_4$ b) $t_3 < t_4 < t_2 < t_1$ c) $t_3 < t_2 < t_1 < t_4$

d) $t_4 < t_2 < t_3 < t_1$ e) $t_1 < t_3 < t_4 < t_2$

Equilíbrio Químico

CAPÍTULO **09**

01. **(2011)** Uma solução aquosa, à temperatura de 25 °C, apresenta um potencial hidrogeniônico (pH) igual a 6 (seis). A concentração em mol $\cdot$ L^{-1} de íons OH^{1-}, e seu potencial hidroxiliônico (pOH) nesta solução são, respectivamente:

Dado: $Kw = 10^{-14}$ $(mol \cdot L^{-1})^2$

a) 10^{-6} , 8 \qquad b) 10^{-8} , 8 \qquad c) 10^{-7} , 7

d) 10^{-5} , 9 \qquad e) 10^{-10} , 4

02. **(2012)** Considere a seguinte reação química em equilíbrio num sistema fechado a uma temperatura constante:

$$1\ H_2O(g) + 1\ C(s) + 31,4\ kcal \rightleftarrows 1\ CO(g) + 1\ H_2(g)$$

A respeito dessa reação, são feitas as seguintes afirmações:

I   a reação direta trata-se de um processo exotérmico;

II   o denominador da expressão da constante de equilíbrio em termos de concentração molar (Kc) é igual a $[H_2O]\cdot[C]$;

III se for adicionado mais monóxido de carbono $(CO(g))$ ao meio reacional, o equilíbrio será deslocado para a esquerda, no sentido dos reagentes;

IV   o aumento na pressão total sobre esse sistema não provoca deslocamento de equilíbrio.

Das afirmações feitas, utilizando os dados acima, está(ão) CORRETA(s):

a) Todas. \qquad b) apenas I e II. \qquad c) apenas II e IV.

d) apenas III. \qquad e) apenas IV.

03. **(2013)** Considere uma solução aquosa de HCℓ de concentração 0,1 mol$\cdot L^{-1}$ completamente dissociado (grau de dissociação: α = 100 %). Tomando-se apenas 1,0 mL dessa solução e adicionando-se 9,0 mL de água pura, produz-se uma nova solução. O valor do potencial hidrogeniônico (pH) dessa nova solução será de

a) 1,0 \qquad b) 2,0 \qquad c) 3,0 \qquad d) 4,0 \qquad e) 5,0

ELETROQUÍMICA

CAPÍTULO 10

01. **(2009)** Na equação da reação de óxido-redução, representada no quadro abaixo, a soma dos menores coeficientes estequiométricos inteiros, necessários para balanceá-la, e o agente redutor são, respectivamente,

$$KMnO_4(aq) + H_2O_2(aq) + H_2SO_4(aq) \rightarrow MnSO_4(aq) + K_2SO_4(aq) + O_2(g) + H_2O(\ell)$$

a) 24 e H_2O_2 b) 23 e O_2 c) 24 e $KMnO_4$

d) 26 e H_2O_2 e) 6 e $KMnO_4$

02. **(2010)** Dada a seguinte equação de óxido-redução:

$$Cr(OH)_3(aq) + IO_3^{1-}(aq) + OH^{1-}(aq) \rightarrow CrO_4^{2-}(aq) + I^{1-}(aq) + H_2O(\ell)$$

Considerando o método de balanceamento de equações químicas por oxi-redução, a soma total dos coeficientes mínimos e inteiros das espécies envolvidas, após o balanceamento da equação iônica, e o agente oxidante são, respectivamente,

a) 15 e o íon iodato.   b) 12 e o hidróxido de crômio.

c) 12 e o íon hidroxila.   d) 11 e a água.

e) 10 e o íon hidroxíla.

03. **(2011)** Dada a seguinte equação iônica de oxidorredução:

$$CrI_3 + C\ell_2 + OH^{1-} \rightarrow IO_4^{1-} + CrO_4^{2-} + C\ell^{1-} + H_2O$$

Considerando o balanceamento de equações químicas por oxidorredução, a soma total dos coeficientes mínimos e inteiros obtidos das espécies envolvidas e o(s) elemento(s) que sofrem oxidação, são, respectivamente,

a) 215 e cloro.   b) 187, crômio e iodo.

c) 73, cloro e iodo.   d) 92, cloro e oxigênio.

e) 53 e crômio.

04. **(2011)** Abaixo são fornecidos os resultados das reações entre metais e sais.

$$FeSO_4(aq) + Ag(s) \rightarrow \text{não ocorre a reação}$$
$$2\,AgNO_3(aq) + Fe(s) \rightarrow Fe(NO_3)_2(aq) + 2\,Ag(s)$$
$$3\,Fe(SO_4)(aq) + 2\,A\ell(s) \rightarrow A\ell_2(SO_4)_3(aq) + 3\,Fe(s)$$
$$A\ell_2(SO_4)_3(aq) + Fe(s) \rightarrow \text{não ocorre a reação}$$

De acordo com as reações acima equacionadas, a ordem decrescente de reatividade dos metais envolvidos em questão é:

a) Aℓ, Fe e Ag.   b) Ag, Fe e Aℓ.   c) Fe, Aℓ e Ag.
d) Ag, Aℓ e Fe.   e) Aℓ, Ag e Fe.

05. (2011) Considere o esquema a seguir, que representa uma pilha, no qual foi colocado um voltímetro e uma ponte salina contendo uma solução saturada de cloreto de potássio. No Béquer 1, correspondente ao eletrodo de alumínio, está imersa uma placa de alumínio em uma solução aquosa de sulfato de alumínio (1 mol·L⁻¹) e no Béquer 2, correspondente ao eletrodo de ferro, está imersa uma placa de ferro em uma solução aquosa de sulfato de ferro (1 mol·L⁻¹). Os dois metais, de dimensões idênticas, estão unidos por um fio metálico.

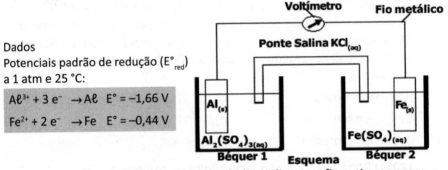

Considerando esta pilha e os dados ao lado, indique a afirmativa CORRETA.

a) A placa de ferro perde massa, isto é, sofre "corrosão".
b) A diferença de potencial registrada pelo voltímetro é de 1,22 V (volts).
c) O eletrodo de alumínio é o cátodo.
d) O potencial padrão de oxidação do alumínio é menor que o potencial padrão de oxidação do ferro.
e) À medida que a reação ocorre, os cátions K⁺ da ponte salina se dirigem para o béquer que contém a solução de Aℓ$_2$(SO$_4$)$_3$.

06. (2011) Em uma eletrólise ígnea do cloreto de sódio, uma corrente elétrica, de intensidade igual a 5 ampères, atravessa uma cuba eletrolítica, com o auxílio de dois eletrodos inertes, durante 1930 segundos.
O volume do gás cloro, em litros, medido nas CNTP, e a massa de sódio, em gramas, obtidos nessa eletrólise, são, respectivamente:

Eletroquímica

Dados

Massa molar (g · mol⁻¹)	Cℓ	Na
	35,5	23

Volume Molar nas CNTP = 22,71 L · mol⁻¹
1 Faraday (F) = 96500 Coulombs (C)

a) 2,4155 L e 3,5 g   b) 1,1355 L e 2,3 g   c) 2,3455 L e 4,5 g
d) 3,5614 L e 3,5 g   e) 4,5558 L e 4,8 g

07. (2012) Dada a seguinte equação iônica de oxidorredução da reação, usualmente utilizada em etapas de sínteses químicas, envolvendo o íon dicromato ($Cr_2O_7^{2-}$) e o ácido oxálico ($H_2C_2O_4$):

$$Cr_2O_7^{2-} + H_2C_2O_4 + H^+ \rightarrow Cr^{3+} + CO_2 + H_2O$$

Considerando a equação acima e o balanceamento de equações químicas por oxidorredução, a soma total dos coeficientes mínimos e inteiros obtidos das espécies envolvidas e a substância que atua como agente redutor são, respectivamente,

a) 21 e ácido oxálico.   b) 26 e dicromato.
c) 19 e dicromato.   d) 27 e ácido oxálico.
e) 20 e hidrogênio.

08. (2012) Duas cubas eletrolíticas distintas, uma contendo eletrodos de níquel (Ni) e solução aquosa de $NiSO_4$ e outra contendo eletrodos de prata (Ag) e solução aquosa de $AgNO_3$, estão ligadas em série, conforme mostra a figura a seguir.

Dados

Constante de Faraday =
96500 Coulombs/mol de elétrons
Massa molar do níquel = 59 g/mol
Massa molar da prata = 108 g/mol

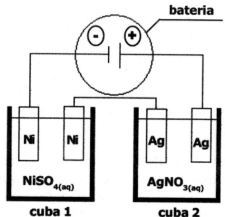

38   TREINAMENTO EM QUÍMICA • EsPCEx • VOLUME II

Esse conjunto de cubas em série é ligado a uma bateria durante um certo intervalo de tempo, sendo observado um incremento de 54 g de massa de prata em um dos eletrodos de prata. Desse modo, o incremento da massa de níquel em um dos eletrodos de níquel é de

a)   59,32 g   b)   36,25 g   c)   14,75 g

d)   13,89 g   e)   12,45 g

09.   (2012) Considere as semirreações com os seus respectivos potenciais--padrão de redução dados nesta tabela:

Prata	$Ag^+(aq) + e^-$ → $Ag^0(s)$	E^0_{red} = +0,80 V
Cobre	$Cu^{2+}(aq) + 2\,e^-$ → $Cu^0(s)$	E^0_{red} = +0,34 V
Chumbo	$Pb^{2+}(aq) + 2\,e^-$ → $Pb^0(s)$	E^0_{red} = –0,13 V
Niquel	$Ni^{2+}(aq) + 2\,e^-$ → $Ni^0(s)$	E^0_{red} = –0,24 V
Zinco	$Zn^{2+}(aq) + 2\,e^-$ → $Zn^0(s)$	E^0_{red} = –0,76 V
Magnésio	$Mg^{2+}(aq) + 2\,e^-$ → $Mg^0(s)$	E^0_{red} = –2,37 V

Baseando-se nos dados fornecidos, são feitas as seguintes afirmações:

I   o melhor agente redutor apresentado na tabela é a prata;

II   a reação $Zn^{2+}(aq) + Cu^0(s) \rightarrow Zn^0(s) + Cu^{2+}(aq)$ não é espontânea;

III   pode-se estocar, por tempo indeterminado, uma solução de nitrato de níquel II, em um recipiente revestido de zinco, sem danificá-lo, pois não haverá reação entre a solução estocada e o revestimento de zinco do recipiente;

IV   a força eletromotriz de uma pilha eletroquímica formada por chumbo e magnésio é 2,24 V;

V   uma pilha eletroquímica montada com eletrodos de cobre e prata possui a equação global: $2\,Ag^+(aq) + Cu^0(s) \rightarrow 2\,Ag^0(s) + Cu^{2+}(aq)$.

Das afirmações acima, estão corretas apenas:

a)   I e II   b)   I, II e IV   c)   III e V

d)   II, IV e V   e)   I, III e V

10.   (2013) O sódio metálico reage com água, produzindo gás hidrogênio e hidróxido de sódio, conforme a equação não balanceada:

$$Na(s) + H_2O(\ell) \rightarrow NaOH(aq) + H_2(g)$$

Baseado nessa reação, são feitas as seguintes afirmativas:

I   O sódio atua nessa reação como agente redutor.
II A soma dos menores coeficientes inteiros que balanceiam corretamente a equação é 7.
III Os dois produtos podem ser classificados como substâncias simples.
IV Essa é uma reação de deslocamento.

Das afirmativas feitas, estão CORRETAS:

a) todas.   b) apenas I, II e III.   c) apenas I, II e IV.
d) apenas I, III e IV. e) apenas II, III e IV.

11. **(2013)** Algumas peças de motocicletas, bicicletas e automóveis são cromadas. Uma peça automotiva recebeu um "banho de cromo", cujo processo denominado cromagem consiste na deposição de uma camada de cromo metálico sobre a superfície da peça. Sabe-se que a cuba eletrolítica empregada nesse processo (conforme a figura abaixo), é composta pela peça automotiva ligada ao cátodo (polo negativo), um eletrodo inerte ligado ao ânodo e uma solução aquosa de 1 mol·L^{-1} de CrCℓ$_3$.

Supondo que a solução esteja completamente dissociada e que o processo eletrolítico durou 96,5 min sob uma corrente de 2 A, a massa de cromo depositada nessa peça foi de

Dados: massas atômicas Cr = 52 u e Cℓ = 35,5 u
1 Faraday = 96500 C/mol de e$^-$

a) 0,19 g   b) 0,45 g   c) 1,00 g   d) 2,08 g   e) 5,40 g

Baseado no texto a seguir responda as questões nº 12 e nº 13

"... Por mais surpreendente que pareça, a desintegração do exército napoleônico pode ser atribuída a algo tão pequeno quanto um botão – um botão de estanho, para sermos mais exatos, do tipo que fechava todas as roupas no exército, dos sobretudos dos oficiais às calças e paletós dos soldados de infantaria.

Quando a temperatura cai, o reluzente estanho metálico exposto ao oxigênio do ar começa a se tornar friável e a se esboroar (desfazer) num pó acinzentado e não metálico – continua sendo estanho, mas com forma estrutural diferente". (*Adaptado de* Os Botões de Napoleão – *Penny Le Couteur e Jay Burreson – Pag 8*).

12. **(2013)** O texto acima faz alusão a uma reação química, cujo produto é um pó acinzentado e não metálico. A alternativa que apresenta corretamente o nome e fórmula química dessa substância é:

a) cloreto de estanho de fórmula $SnC\ell_2$.

b) estanho metálico de fórmula Sn^0.

c) óxido de estanho VI de fórmula Sn_2O_3.

d) peróxido de estanho de formula Sn_3O_2.

e) óxido de estanho II de fórmula SnO.

13. **(2013)** Em relação ao texto acima e baseado em conceitos químicos, são feitas as seguintes afirmativas:

I o texto faz alusão estritamente à ocorrência de fenômenos físicos.

II o texto faz alusão à ocorrência de uma reação de oxidação do estanho do botão.

III o texto faz alusão à ocorrência de uma reação de síntese.

IV o texto faz alusão à ocorrência de uma reação sem transferência de elétrons entre as espécies estanho metálico e o oxigênio do ar.

Das afirmativas apresentadas estão CORRETAS apenas:

a) II e III.   b) III e IV.   c) II e IV.   d) I e III.   e) I e II.

14. **(2013)** Uma fina película escura é formada sobre objetos de prata expostos a uma atmosfera poluída contendo compostos de enxofre, dentre eles o ácido sulfídrico. Esta película pode ser removida quimicamente, envolvendo os objetos em questão em uma folha de papel alumínio e mergulhando-os em um banho de água quente. O resultado final é a recuperação da prata metálica. As equações balanceadas que representam, respectivamente, a reação ocorrida com a prata dos objetos e o composto de enxofre supracitado, na presença de oxigênio, e a reação ocorrida no processo de remoção da substância da película escura com o alumínio metálico do papel, são:

a) $4\,Ag(s) + 2\,H_2S(g) + 1\,O_2 \rightarrow 2\,Ag_2S(s) + 2\,H_2O(\ell)$;
$3\,Ag_2S(s) + 2\,A\ell(s) \rightarrow 6\,Ag(s) + 1\,A\ell_2S_3(s)$.

b) $4\,Ag(s) + 1\,H_2S(g) + 1\,O_2(g) \rightarrow 2\,Ag_2O(s) + H_2SO_3(\ell) + ½\,O_2(g)$;
$3\,Ag_2O(s) + A\ell(s) \rightarrow 3\,Ag(s) + A\ell_2O_3(s)$.

c) $4\,Ag(s) + 1\,H_2S(g) + 1\,O_2 \rightarrow 2\,Ag_2S(s) + 2\,H_2O(\ell)$;
$2\,Ag_2S(s) + 4\,A\ell(s) \rightarrow 4\,Ag_2S(s) + 2\,A\ell_2S(s)$.

ELETROQUÍMICA

d) $2\,Ag(s) + 1\,H_2SO_4(g) + \frac{1}{2}\,O_2(g) \rightarrow 1\,Ag_2SO_4(s) + H_2O(\ell);$
$3\,Ag_2SO_4(s) + 2\,A\ell(s) \rightarrow 3\,Ag(s) + A\ell_2S_3(s) + O_2(g).$

e) $2\,Ag(s) + 1\,H_2SO_3(s) + 1\,O_2(g) \rightarrow 1\,Ag_2SO_3(s) + H_2O_2(\ell);$
$3\,Ag_2SO_3(s) + 2\,A\ell(s) \rightarrow 6\,AgO(s) + A\ell_2S_3(s) + 3/2\,O_2(g).$

15. **(2013)** Em uma pilha galvânica, um dos eletrodos é composto por uma placa de estanho imersa em uma solução 1,0 mol·L^{-1} de íons Sn^{2+} e o outro é composto por uma placa de lítio imersa em uma solução 1,0 mol·L^{-1} de íons Li^+, a 25 °C.

Baseando-se nos potenciais padrão de redução das semirreações a seguir, são feitas as seguintes afirmativas:

$$Sn^{2+}(aq) + 2\,e^- \rightarrow Sn(s) \quad E^0 = -0,14\,V$$
$$Li^+(aq) + 1\,e^- \rightarrow Li(s) \quad E^0 = -3,04\,V$$

I   O estanho cede elétrons para o lítio.

II   O eletrodo de estanho funciona como cátodo da pilha.

III   A reação global é representada pela equação:
$$2\,Li^0(s) + Sn^{2+}(aq) \rightarrow Sn^0(s) + 2\,Li^+(aq)$$

IV   No eletrodo de estanho ocorre oxidação.

V   A diferença de potencial teórica da pilha é de 2,90 V, $(\Delta E^0 = +2,90\,V)$.

Das afirmativas apresentadas estão CORRETAS apenas:

a)   I, II e IV.   b)   I, III e V.   c)   I, IV e V.

d)   II, III e IV.   e)   II, III e V.

CAPÍTULO 11
RADIOATIVIDADE

01. **(2011)** Considere o gráfico de decaimento abaixo (Massa × Tempo), de 12 g de um isótopo radioativo.

Gráfico fora de escala

Partindo-se de uma amostra de 80,0 g deste isótopo, em quanto tempo a massa dessa amostra se reduzirá a 20,0 g?

a) 28 anos b) 56 anos c) 84 anos
d) 112 anos e) 124,5 anos

02. **(2012)** Um isótopo radioativo de urânio-238 ($^{238}_{92}U$), de número atômico 92 e número de massa 238, emite uma partícula alfa, transformando-se num átomo X, o qual emite uma partícula beta, produzindo um átomo Z, que por sua vez emite uma partícula beta, transformando-se num átomo M. Um estudante analisando essas situações faz as seguintes observações:

I   os átomos X e Z são isóbaros;
II o átomo M é isótopo do urânio-238 ($^{238}_{92}U$);
III o átomo Z possui 143 nêutrons;
IV o átomo X possui 90 prótons.

Das observações feitas, utilizando os dados acima, estão corretas:

a) apenas I e II. b) apenas I e IV. c) apenas III e IV.
d) apenas I, II e IV. e) todas.

03. (2013) "... os *Curie* empreenderam uma elaborada análise química da uraninite separando seus numerosos elementos em grupos analíticos: sais de metais alcalinos, de elementos alcalino-terrosos, de elementos de terras raras...

Os *Curie* continuaram a analisar os resíduos de uraninite e, em julho de 1898, obtiveram um extrato de bismuto quatrocentas vezes mais radioativo que o próprio urânio. (*Tio Tungstênio – memórias de uma infância química – Oliver Sacks – pag 257*).

Considerando a meia vida do bismuto (^{214}Bi), que é de 20 minutos e uma amostra inicial de 100,0 g de ^{214}Bi, a quantidade restante de ^{214}Bi dessa amostra, que o casal *Curie* observaria, passada uma hora, seria de

a) 5,0 g b) 12,5 g c) 33,2 g d) 45,0 g e) 80,5 g

Química Orgânica

CAPÍTULO 12

01. (2011) O aspartame é um adoçante artificial usado para adoçar bebidas e alimentos. Abaixo está representada a sua fórmula estrutural.

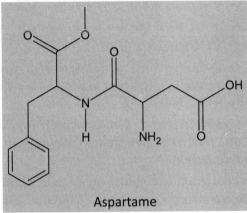

Aspartame

Sobre essa estrutura, são feitas as seguintes afirmações:

I   As funções orgânicas existentes na molécula dessa substância são características, apenas, de éter, amina, amida, ácido carboxílico e aldeído.

II   A fórmula molecular do aspartame é $C_{13}H_{15}N_2O_5$.

III   A função amina presente na molécula do aspartame é classificada como primária, porque só tem um hidrogênio substituído.

IV   A molécula de aspartame possui 7 carbonos com hibridização sp^3 e 4 carbonos com hibridização sp^2.

V   O aspartame possui 6 ligações π (pi) na sua estrutura.

Das afirmações feitas está(ão) CORRETAS:
a)   apenas I e III.   b)   apenas II e III.   c)   apenas III e V.
d)   apenas II e IV.   e)   apenas I e IV.

02. (2011) Em uma tabela, são dados 4 (quatro) compostos orgânicos, representados pelos algarismos 1, 2, 3 e 4, e seus respectivos pontos de ebulição, à pressão de 1 atm. Esses compostos são propan-1-ol, ácido etanoico, butano e metoxietano, não necessariamente nessa ordem.

Composto	Ponto de ebulição (°C)
1	−0,5
2	7,9
3	97,0
4	118,0

Sobre os compostos e a tabela acima são feitas as seguintes afirmações:

I   Os compostos 1, 2, 3 e 4 são respectivamente butano, metoxietano, propan-1-ol e ácido etanoico.

II   As moléculas do propan-1-ol, por apresentarem o grupo carboxila em sua estrutura, possuem interações moleculares mais fortes do que as moléculas do ácido etanoico.

III   O composto orgânico propan-1-ol é um álcool insolúvel em água, pois suas moléculas fazem ligações predominantemente do tipo dipolo induzido-dipolo induzido.

IV   O composto butano tem o menor ponto de ebulição, pois suas moléculas se unem por forças do tipo dipolo induzido-dipolo induzido, que são pouco intensas.

V   O composto metoxietano é um éster que apresenta em sua estrutura um átomo de oxigênio.

Das afirmações feitas está(ão) CORRETAS:

a)   apenas I e III.   b)   apenas I, II e IV.   c)   apenas I e IV.

d)   apenas II, III e V.   e)   todas.

03.   (2012) A tabela abaixo (a seguir) cria uma vinculação de uma ordem com a fórmula estrutural do composto orgânico, bem como o seu uso ou característica:

Ordem	Composto Orgânico	Uso ou Característica
1		Produção de Desinfetantes e Medicamentos

QUÍMICA ORGÂNICA

2	H—C(=O)—H	Conservante
3	H_3C—C(=O)—O—CH_2—CH_3	Essência de maçã
4	H_3C—C(=O)—OH	Componente do Vinagre
5	H_3C—C(=O)—NH_2	Matéria-Prima para Produção de Plástico

A alternativa correta que relaciona a ordem com o grupo funcional de cada composto orgânico é:

a)   1 – fenol;   2 – aldeído;   3 – éter;   4 – álcool;   5 – nitrocomposto.

b)   1 – álcool;   2 – fenol;   3 – cetona;   4 – éster;   5 – amida.

c)   1 – fenol;   2 – álcool;   3 – éter;   4 – ácido carboxílico;   5 – nitrocomposto.

d)   1 – álcool;   2 – cetona;   3 – éster;   4 – aldeído;   5 – amina.

e)   1 – fenol;   2 – aldeído;   3 – éster;   4 – ácido carboxílico;   5 – amida.

04.   **(2012)** Assinale a alternativa CORRETA:

Dados	Elemento Químico	H – Hidrogênio	C – Carbono	O – Oxigênio
	Número Atômico	$Z = 1$	$Z = 6$	$Z = 8$

a)   O metanol, cuja fórmula estrutural é H_3C–OH, apresenta quatro ligações do tipo π (pi).

b)   O butano e o metilpropano apresentam a mesma fórmula molecular (C_4H_{10}) e a mesma massa molar de 58 g/mol e, por conseguinte, possuem iguais pontos de fusão e ebulição.

c)   Metano, etano e propano são constituintes de uma série homóloga de hidrocarbonetos.

d) Uma cadeia carbônica homogênea é ramificada quando apresenta somente carbonos primários e secundários.

e) A união das estruturas dos radicais orgânicos etil e t-butil (ou terc--butil) gera um composto orgânico cuja estrutura é nomeada por 2-metilhexano.

05. (2013) O besouro bombardeiro (*Brachynus crepitans*) possui uma arma química extremamente poderosa. Quando necessário, ele gera uma reação química em seu abdômen liberando uma substância denominada de *p*-benzoquinona (ou 1,4-benzoquinona) na forma de um líquido quente e irritante, com emissão de um ruído semelhante a uma pequena explosão, dando origem ao seu nome peculiar.

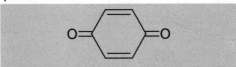

Fórmula estrutural da *p*-benzoquinona

Acerca dessa substância química, são feitas as seguintes afirmativas:

I   O nome oficial, segundo a *União Internacional de Química Pura e Aplicada* (IUPAC), da *p*-benzoquinona é ciclohexa-2,5-dien-1,4-diona.

II Sua fórmula molecular é $C_6H_4O_2$.

III Ela pertence à função fenol.

Das afirmativas feitas está(ão) CORRETA(S) apenas:

a) I.   b) II.   c) III.   d) I e II.   e) II e III.

Gabaritos & Soluções

01 • Estrutura atômica ... 51
02 • Tabela Periódica ... 55
03 • Ligações Químicas ... 59
04 • Reações Químicas ... 65
05 • Estequiometria ... 69
06 • Soluções ... 75
07 • Termoquímica ... 77
08 • Cinética Química ... 81
09 • Equilíbrio Químico ... 83
10 • Eletroquímica ... 85
11 • Radioatividade ... 93
12 • Química Orgânica ... 95

CAPÍTULO 01

ESTRUTURA ATÔMICA

01. **c**

A massa atômica de um elemento é calculada pela média ponderada das massas atômicas de seus isótopos naturais (neste caso consideradas como iguais aos seus números de massa), tendo como pesos as abundâncias destes isótopos. Para três isótopos formadores de um elemento X qualquer, temos teoricamente:

isótopo	X1	X2	X3
massa atômica	M1	M2	M3
abundância	a1%	a2%	a3%

$$MA(X) = \frac{M1 \times a1 + M2 \times a2 \times M3 \times a3}{100}$$

Para esse problema podemos então escrever:

isótopo	^{24}M	^{25}M	^{26}M
massa atômica	24	25	26
abundância	a%	10%	b%

Isso nos leva às seguintes relações:

$$\begin{cases} \dfrac{24 \times a + 25 \times 10 \times 26 \times b}{100} = 24,31 \Rightarrow 24 \times a + 250 + 26 \times b = 2431 \\ a + 10 + b = 100 \Rightarrow a + b = 90 \end{cases}$$

$$\begin{cases} 24 \times a + 26 \times b = 2181 \\ a + b = 90 \Rightarrow 24 \times a + 24 \times b = 2160 \end{cases}$$

$$2 \times b = 21 \Rightarrow b = \frac{21}{2} = 10,5$$

Os dados desta questão foram, sem dúvida, inpirados no elemento magnésio, $_{12}Mg$, que apresenta três isótopos estáveis (não radioativos) de números de massa 24, 25 e 26, e massa atômica 24,305 u. As abundâncias isotópicas são, respectivamente, 78,99%, 10,00% e 11,01%.

02. **a**

I   CORRETA $_7N^{3-}$ apresenta 10 elétrons, sendo isoeletrônico do gás nobre neônio. Sua configuração eletrônica é [He] $2s^2 2p^6$.

II   CORRETA Este é o princípio da exclusão de Pauli. Ver a observação (com foto) ao final do exercício.

| III | falsa | O cátion $^{39}K^+$ apresenta 19 prótons (este é o número atômico do potássio), 20 nêutrons e 18 elétrons, sendo isoeletrônico do gás nobre argônio. |
| IV | falsa | $_{26}Fe^{2+}$ apresenta 24 elétrons, e $_{26}Fe^{3+}$ apresenta 23 elétrons. Ambos apresentam 26 prótons, ou não seriam íons de ferro. |

WOLFGANG ERNST PAULI (Viena, 1900 – Zurique, 1958), físico austríaco conhecido por seu trabalho na teoria do spin do elétron. Indicado por Albert Einstein, recebeu o **Prêmio Nobel de Física de 1945**.

03. d

I	CORRETA	Basta somar o número de elétrons por subnível para obter o número de elétrons total, que coincide com o número de prótons (Z).
II	CORRETA	A distribuição eletrônica segue a ordem crescente de energia. Logo, 3d é o subnível mais energético.
III	falsa	[↑↓ ↑ ↑ ↑ ↑] 3d⁶ — 4 elétrons desemparelhados
IV	CORRETA	Camada de valência é o último nível de cada átomo. Neste caso, 4s².

LINUS CARL PAULING (Portland, 1901 – Big Sur, 1994), químico quântico e bioquímico norte-americano. Também é reconhecido como cristalógrafo, biólogo molecular e pesquisador médico. **Prêmio Nobel de Química de 1954 e Prêmio Nobel da Paz de 1962**, é até hoje o único cientista a receber sozinho dois Prêmios Nobel em categorias diferentes.

04. c

$$^{45}_{23}M \quad ^{43}_{21}X \quad ^{43}_{23}Z$$

Observe: **M** e **Z** são isótopos, **X** e **Z** são isóbaros, **M** e **X** são isótonos (ambos apresentam 22 nêutrons). **M** tem 23 prótons e número de massa 45, e **Z** tem 20 nêutrons.

Como X tem 21 elétrons, sua estrutura eletrônica é [Ar] $4s^2\ 3d^1$. Seu elétron mais energético pode ser assim representado:

↑				

$3d^1$

Assim, este elétron apresenta os números quânticos n = 3, ℓ =2, m = –2, ms = – ½.

05. d

I   falsa   O modelo atômico de Dalton data de 1808. Átomos são pensados como minúsculas bolas de bilhar, maciças, indivisíveis.

II   CORRETA   O modelo atômico de Rutherford data de 1911, e é o átomo planetário, elétrons negativos circulando em volta de um núcleo muito pequeno e denso, carregado positivamente.

III   falsa   O modelo atômico de Thomson data de 1897, e é o do pudim de passas: os elétrons seriam as passas, e o átomo teria duas partes – a massa do pudim positiva, e os elétrons (passas) negativos.

A ideia de que as órbitas teriam energia crescente, e de que o elétron absorve ou emite energia ao passar de uma órbita para outra deve-se a Bohr, que propôs esse modelo em 1913. Como curiosidade, Bohr trabalhou com Thomson e com Rutherford. Se é verdade que uma imagem vale mais que mil palavras... veja imagens dos modelos atômicos e fotografias destes três gênios da Física e da Química: todos laureados com o Prêmio Nobel.

Thomson

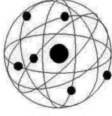
Rutherford

Bohr

JOSEPH JOHN THOMSON, (Manchester, 1856 – Cambridge, 1940), físico britânico que descobriu o elétron. **Prêmio Nobel de Física de 1906.**

Ernest Rutherford, (Brightwater, 1871 – Cambridge, 1937), físico e químico neozelandês que se tornou conhecido como o pai da física nuclear. **Prêmio Nobel de Química de 1908.**

Niels Henrick David Bohr (Copenhagen, 1885 – Copenhagen, 1962), físico dinamarquês cujos trabalhos contribuíram decisivamente para a compreensão da estrutura atômica e da física quântica. **Prêmio Nobel de Física de 1922.**

CAPÍTULO 02

TABELA PERIÓDICA

01. c

I   CORRETA   O número máximo de elétrons em um nível pode ser dado pela fórmula $X = 2\,n^2$, fórmula que, para os átomos atualmente existentes, só é válida até o quarto nível. O esquema abaixo é bem conhecido:

nível	n	teórico	atual
K	1	2	2
L	2	8	8
M	3	18	18
N	4	32	32
O	5	50	32
P	6	72	18
Q	7	98	8

II   CORRETA   A distribuição eletrônica para o fósforo, Z = 15, no estado fundamental, é $1s^2\,2s^2\,2p^6\,3s^2\,3p^3$. Esta distribuição pode ser escrita, com vantagem, usando-se o gás nobre precedente, que no caso é o neônio: fica $[Ne]\,3s^2\,3p^3$. Observe a camada de valência:

↑↓
$3s^2$

↑	↑	↑
	$3p^3$	

III   falsa   De uma maneira geral, na tabela periódica, a eletronegatividade diminui da direita para a esquerda e de cima para baixo, excluindo-se os gases nobres. Assim, o nitrogênio é menos eletronegativo do que o flúor. É bem conhecido o fato de que o flúor é o mais eletronegativo de todos os elementos. Observe na tabela periódica:

15	16	17
$_7N$	$_8O$	$_9F$

IV   falsa   De uma maneira geral, na tabela periódica, a primeira energia de ionização diminui da direita para a esquerda e de cima para baixo. Assim, o nitrogênio apresenta uma primeira energia de ionização maior do que a do fósforo. Observe na tabela periódica:

15
$_7N$
$_{15}P$

V	CORRETA	A distribuição eletrônica para o carbono, Z = 6, no estado fundamental, é $1s^2\ 2s^2\ 2p^2$. Usando-se o gás nobre precedente, que no caso é o hélio, fica [He] $2s^2\ 2p^2$. Observe a camada de valência:

↑↓	↑		↑
$2s^2$	$2p_x$	$2p_y$	$2p_z$

Se um elétron do orbital 2s for promovido para o orbital $2p_z$, teremos um estado excitado ou ativado do carbono:

↑	↑	↑	↑
2s	$2p_x$	$2p_y$	$2p_z$

Temos a conhecida tetravalência do carbono devida a este fenômeno.

02. b

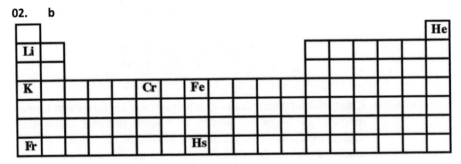

a)	falsa	He (hélio) é um gás nobre.
b)	CORRETA	Cr (cromo) está localizado no 4º período, grupo 6 ou VI B.
c)	falsa	Fr (frâncio) é o maior raio atômico entre os elementos do 7º período. Na verdade, é o maior raio atômico entre os elementos da tabela atual. Será *destronado* quando for obtido e tiver sua existência oficialmente reconhecida o elemento de Z = 119.
d)	falsa	Fe (ferro) e Hs (hássio) pertencem ao mesmo grupo (8), mas ferro é do 4º período e hássio é do 7º período.
e)	falsa	Metais alcalinos, tais como Li (lítio), K (potássio) e Fr (frâncio), apresentam camada de valência ns^1, onde n é o número do período ao qual pertencem. Assim, Li = [He] $2s^1$, K = [Ar] $4s^1$ e Fr = [Rn] $7s^1$.

TABELA PERIÓDICA 57

03.   **c**

a)   falsa   O modelo de Thomson é o do pudim de passas. O modelo descrito neste item é o de Rutherford. Ver questão 05 do capítulo 01.

b)   CORRETA O átomo que possui 20 elétrons é o cálcio, de estrutura eletrônica [Ar] $4s^2$. Perdendo 2 elétrons, ficará isoeletrônico do argônio, ou seja, terá estrutura eletrônica $1s^2\ 2s^2\ 2p^6\ 3s^2\ 3p^6$.

c)   CORRETA Na tabela periódica, de uma maneira geral, o raio atômico AUMENTA da direita para a esquerda e de cima para baixo. Nestes sentidos, a afinidade eletrônica ou eletroafinidade DIMINUI, também de maneira geral (naturalmente os gases nobre não apresentam afinidade eletrônica, e há alguma inversões de ordem). No caso apresentado, tudo normal.

| 16 |
| $_8$O |
| $_{16}$S |

O oxigênio tem menor raio atômico que o enxofre, e maior afinidade eletrônica.

d)   falsa   O raio do ânion A^- é SEMPRE maior que o raio do átomo A que lhe deu origem ($A^- > A$).

LIGAÇÕES QUÍMICAS

CAPÍTULO **03**

Vamos iniciar o trabalho de Ligações Químicas apresentando um resumo do modelo VSEPR (*Valence Shell Electronic Pairs Repulsion*) de predição de Geometria Molecular. Assim, em que todas as questões em que a geometria de uma molécula ou de um íon covalente for necessária, recorra a este resumo. A primeira parte corresponde a escrever a estrutura no esquema AL_mE_n, na qual:

A	átomo central
L	ligante
E	par de elétrons não-ligante pertencente ao átomo central
m	número de ligantes
n	número de pares de elétrons não-ligantes pertencentes ao átomo central
m + n	número estérico, fornece a geometria dos pares eletrônicos

Quadro de Geometria dos Pares Eletrônicos

m + n	Geometria dos Pares	Ângulos
2	linear	180°
3	trigonal plana	120°
4	tetraédrica	109° 28'
5	bipirâmide trigonal	120°, 90°, 180°
6	bipirâmide quadrada	90°, 180°
7	bipirâmide pentagonal	72°, 90°, 180°

01.   b

a)   falsa   A condutividade elétrica dos metais é explicada admitindo-se a existência de *elétrons semi-livres*.

b)   CORRETA   O nitrato de sódio pode ser escrito $[Na]^+ [NO_3]^-$. A estrutura do ânion nitrato será vista mais adiante. Mas as ligações entre o nitrogênio central e os três átomos de oxigênio são covalentes.

c)   falsa   Uma molécula com ligações polares pode ser apolar, desde que sua geometria seja tal que as polaridades das ligações se anulem. O exemplo mais simples é a molécula do CO_2, que pode ser escrita estilo VSEPR como CO_2E_0. Assim, a molécula é linear, observe:

$$X \!-\!\!-\! A \!-\!\!-\! X \qquad \text{qualquer molécula } AL_2E_0$$

um modelo tridimensional do CO_2

As polaridades das ligações C = O se anulam, molécula CO_2 apolar.

d) falsa Entre moléculas apolares surgem as atrações entre dipolos temporários, ou dipolos induzidos. São bastante fracas, mas existem.

e) falsa Para que haja ligações de hidrogênio (ou pontes de hidrogênio) é necessário que haja hidrogênio ligado a flúor, oxigênio ou nitrogênio: **H ligado a FON**.

02. a

I falsa A molécula CS_2 fica CS_2E_0, o que configura (m + n = 2) uma molécula linear, tal como a do CO_2. Já a molécula H_2O fica OH_2E_2. Vamos detalhar:

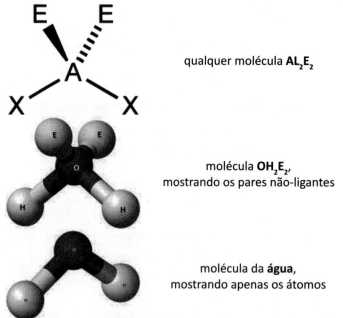

qualquer molécula AL_2E_2

molécula OH_2E_2, mostrando os pares não-ligantes

molécula da **água**, mostrando apenas os átomos

Devido aos dois pares de elétrons não-ligantes, há uma compressão angular próxima a 4° (2° por par). A figura mostra bem a molécula da água:

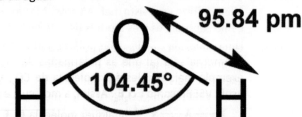

Assim, as geometrias das moléculas do dissulfeto de carbono e da água são diferentes.

LIGAÇÕES QUÍMICAS 61

II   falsa   O dissulfeto de carbono, molécula apolar, dissolve-se muito mal em água (molécula polar). É praticamente insolúvel em água (2,9 g/kg a 20 °C).

III   CORRETA   Como a molécula do CS_2 é apolar, as interações entre suas moléculas são do tipo dipolo induzido – dipolo induzido.

03. b

Vamos deixar a estrutura do íon NO_3^- para o final, para mostrar um "truque" para lidar com a geometria de íons.

A molécula da amônia, **NH_3**, tem estrutura VSEPR **NH_3E_1**.

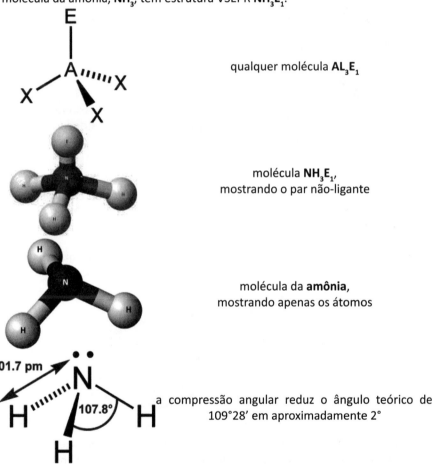

qualquer molécula **AL_3E_1**

molécula **NH_3E_1**, mostrando o par não-ligante

molécula da **amônia**, mostrando apenas os átomos

a compressão angular reduz o ângulo teórico de 109°28' em aproximadamente 2°

A molécula do dióxido de enxofre, SO_2, tem estrutura VSEPR **SO_2E_1**.

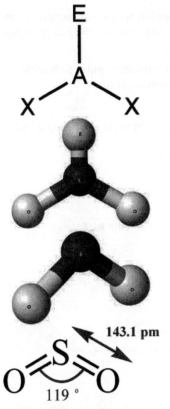

qualquer molécula AL_2E_1

molécula SO_2E_1, mostrando o par não ligante

molécula do dióxido de enxofre, mostrando apenas os átomos

o par não ligante gera uma compressão angular, reduzindo o ângulo teórico de 120° para 119°

Sobre a molécula **HBr**, nada há para dizer em termos de geometria: qualquer molécula de apenas 2 átomos é naturalmente linear. Observe o tamanho da molécula e a diferença de tamanhos entre H e Br.

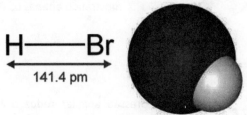

E agora, o truque sobre íons. Suponha que você deseja a estrura do íon NH_4^+. Como cátion +1, ele tem um elétron a menos. Vamos considerar que este elétron foi retirado ao nitrogênio central, deixando-o apenas com 4 elétrons de valência. Assim, o cárion NH_4^+ é isoeletrônico e isóstero (mesma forma geométrica) da molécula CH_4. Veja a geometria da molécula CH_4, e pronto: você tem a geometria do cátion NH_4^+. Vamos então ao íon NO_3^-. Como ânion –1, ele tem um elétron a mais. Vamos considerar que este elétron foi adicionado ao nitrogênio central, deixando-o com 6 elétrons de valência. Assim, este íon é isoeletrônico (e isóstero) da molécula OO$_3$, ou seja, O$_4$!!! Você estar pensando: mas esta molécula não existe! É verdade. Mas não há problema... troque o átomo central para um **do mesmo grupo** que permita uma molécula conhecida. Que tal enxofre e SO$_3$? Perfeito!

SO$_3$ tem estrutura **SO$_3$E$_0$**, e sua geometria é idêntica à do íon nitrato: trigonal plana, ângulos de 120°.

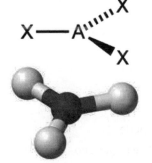

qualquer estrutura **AL$_3$E$_0$**

visualização 3D de uma estrutura **AL$_3$E$_0$**

04.   e

a) N ≡ N indica o compartilhamento de 3 pares de **elétrons**.

b) Como vimos nos comentários do exercício anterior, o cátion amônio é isoeletrônico e isóstero da molécula do metano. As 4 ligações são iguais, covalentes simples. No conceito didático de ligação dativa, haveria 3 covalências simples e 1 covalência dativa. Mas... a covalência simples e a covalência dativa na realidade são indistinguíveis.

c) O raio do cátion A$^+$ é sempre MENOR que o raio do átomo A que lhe deu origem (A$^+$ < A). Já o raio do ânion A$^-$ é sempre MAIOR que o raio do átomo A que lhe deu origem (A$^-$ > A).

d) A ligação entre os átomos de carbono e de cloro é uma ligação covalente. Para não perder a chance, a molécula CCℓ$_4$ é tetraédrica com ângulos de 109° 28'.

e) Observe o nitrato de amônio, [NH$_4^+$] [NO$_3^-$]. As ligações entre o nitrogênio e os hidrogênios no cátion amônio são covalentes. As ligações entre o nitrogênio e os oxigênios no ânion nitrato são covalentes. O composto nitrato de amônio é iônico, porque apresenta um cátion e um ânion.

05.   a

Para as substâncias HF, HCℓ, HBr, HI observa-se a seguinte situação:

HF apresenta o maior ponto de ebulição entre as quatro, uma vez que é a única a apresentar ligações de hidrogênio (pontes de hidrogênio). Para as substâncias HCℓ, HBr e HI, que não apresentam ligações de hidrogênio, os pontos de ebulição são crescentes com o aumento da massa molar. A mesma situação se repete para as

64 TREINAMENTO EM QUÍMICA • **EsPCEx** • VOLUME II

substâncias H_2O, H_2S, H_2Se e H_2Te, os compostos binários hidrogenados dos elementos do grupo 16.

Assim, podemos escrever:

	HCℓ	HBr	HI	HF
p.e.	−85 °C	−67 °C	−35 °C	20 °C
	z	r	m	x

Resumindo a resposta:

I   CORRETA

II   falsa

III   falsa

06. e

I $1s^2\,2s^2\,2p^6 = {}_{10}Ne$, gás nobre do segundo período

II $1s^2\,2s^2\,2p^6\,3s^1 = {}_{11}Na$, metal alcalino do terceiro período

III $1s^2\,2s^2\,2p^6\,3s^2 = {}_{12}Mg$, metal alcalino-terroso do terceiro período

IV $1s^2\,2s^2\,2p^6\,3s^2\,3p^5 = {}_{17}Cℓ$, halogênio do terceiro período

a)   falsa $Cℓ(g) + e^- \rightarrow Cℓ^-(g)$ representa a afinidade eletrônica do cloro. Energia é liberada nesse processo. Veja a tabela da página XX: o valor é de 348 kJ/mol.

b)   falsa   Neônio é o único gás nobre e apresenta a maior energia de ionização entre o átomos representados. Veja a tabela da página XIX: o valor é de 2080 kJ/mol.

c)   falsa   Em geral, o raio atômico aumenta nos períodos da direita para a esquerda. Logo, Na > Mg.

d)   falsa   O cátion Na^+ é isoeletrônico do neônio, átomo I.

e)   CORRETA $Na \times Cℓ = Na^+\,Cℓ^-$, ligação iônica.

REAÇÕES QUÍMICAS

CAPÍTULO **04**

01.   e

Na primeira coluna, todos são oxiácidos, exceto o hidrácido H_2S, gás sulfídrico.

Na segunda coluna, todos são diácidos, exceto o H_3BO_3, ácido bórico, um triácido.

Na terceira coluna, $CaSO_4$ e $Ca_3(PO_4)_2$, respectivamente sulfato de cálcio e fosfato de cálcio, são sais de metais alcalino-terrosos.

Na quarta coluna, é importante destacar que os bicarbonatos alcalinos, como o $NaHCO_3$, não geram CO_2 por aquecimento. Observe:

$$2\,NaHCO_3 \xrightarrow{\Delta} Na_2CO_3 + H_2O$$

$$Na_2CO_3 \xrightarrow{\Delta} resiste$$

Na quinta coluna, o único sal ácido é o $NaHCO_3$, bicarbonato de sódio, que apresenta o ânion HCO_3^-, que tem um hidrogênio ionizável:

$$HCO_3^- \rightarrow H^+ + CO_3^{2-}$$

O $Al(OH)_2C\ell$, cloreto dibásico de alumínio ou dihidroxi cloreto de alumínio, é um sal básico, devido à presença do ânion hidroxila.

02.   e

a)   falsa   Ácido é toda substância que, em solução aquosa, sofre *ionização*, liberando como único cátion o *H^+*.

b)   falsa   O hidróxido de sódio, em solução aquosa, sofre *dissociação*, liberando como único tipo de *ânion* o OH^-.

c)   falsa   Óxidos anfóteros *reagem* com ácidos *e* com bases.

d)   falsa   Os peróxidos apresentam na sua estrutura o grupo $(O_2)^{-2}$, no qual cada átomo de oxigênio apresenta número de oxidação (NOX) igual a **−1 (menos um)**.

e)   CORRETA   Sais são compostos capazes de se dissociar na água liberando íons, mesmo que em pequena porcentagem, dos quais pelo menos um cátion é diferente de H_3O^+ e pelo menos um ânion é diferente de OH^-.

IMPORTANTE: compostos covalente como o ácidos, ao serem dissolvidos em água, sofrem **ionização**: moléculas "quebram" produzindo íons. Hidróxidos são compostos iônicos: ao se dissolverem estes íons se separam: **dissociação**.

03.   d

I $NaC\ell$, cloreto de sódio.

II H_2SO_4, ácido sulfúrico, $2\,NH_3 + H_2SO_4 \rightarrow (NH_4)_2SO_4$.

III H_2O_2, peróxido de hidrogênio: sua solução aquosa é a *água oxigenada*.

IV N_2, nitrogênio, p.f. = −210 °C, p.e. = −165 °C, $N_2 + 3 H_2 \rightleftarrows 2 NH_3$

04.   a

Hipoclorito de sódio é formado pelo cátion Na^+ e pelo ânion hipoclorito, ânion oxigenado no qual o cloro apresenta NOX igual a +1. É muito comum em Química o prefixo HIPO significar NOX +1. Assim, sua fórmula é **NaCℓO**.

Ácido nítrico é o oxiácido mais importante do nitrogênio. Nele, o NOX do nitrogênio é +5, o maior que o nitrogênio pode apresentar (grupo 15 ou 5A). É muito comum em Química que o prefixo ICO signifique NOX máximo. Assim, a fórmula do ácido nítrico é **HNO_3**.

Hidróxido de amônio não é verdadeiramente uma substância, e sim uma solução aquosa de amônia, mais ou menos concentrada. Nessa solução, a amônia se ioniza:

$$NH_3(aq) + H_2O(\ell) \rightleftarrows NH_4^+(aq) + OH^-(aq)$$

Esta solução é básica. Assim, convencionou-se atribuir a fórmula **NH_4OH** a esta solução, e chamá-la de hidróxido de amônio. Mas, insistimos: hidróxido de amônio não é verdadeiramente uma substância: só existe em solução aquosa.

Óxido de cálcio é iônico, apresentando o cátion Ca^{2+} e o ânion óxido, O^{2-}. Sua fórmula é **CaO**.

05.   c

a)   falsa   Compostos iônicos são maus condutores de energia elétrica no estado sólido, tornando-se bons condutores quando fundidos, ou seja, quando passam para o estado líquido.

b)   falsa   Para que a solução aquosa de uma substância molecular seja condutora, é necesário que ela se ionize em água, o que não é o caso da sacarose (açúcar).

c)   CORRETA   Compostos iônicos solúveis em água se DISSOCIAM em seus íons ao se dissolverem. A solução é condutora de corrente elétrica. *Uma ressalva: os íons não foram exatamente formados, uma vez que já existiam no estado sólido.*

d)   falsa   A solução aquosa de sacarose tem virtualmente a mesma condutividade elétrica que a água "pura", uma vez que sacarose não sofre ionização.

e)   falsa   O ácido carbônico (H_2CO_3) é um diácido fraco, extremamente instável, que se decompõe em H_2O e CO_2.

06.   d

O ácido sulfuroso, H_2SO_3, forma duas séries de sais: os sulfitos, que apresentam o ânion SO_3^{2-}, e os hidrogenossulfitos ou bissulfitos, que apresentam o ânion HSO_3^-. Assim, o sal hidrogenossulfito de sódio tem fórmula $NaHSO_3$. A equação da reação solicitada é $NaHSO_3 + HCℓ \rightarrow NaCℓ + H_2SO_3$.

REAÇÕES QUÍMICAS

67

Existem duas classes principais de sais chamados *silicatos*: os metassilicatos, derivados do ácido teórico H_2SiO_3, apresentando o ânion SiO_3^{2-}, e os ortossilicatos, derivados do ácido teórico H_4SiO_4, apresentando o ânion SiO_4^{4-}. Assim, o metassilicato de cálcio tem fórmula $CaSiO_3$. A reação solicitada, sem balanceamento, é:

$$Ca_3(PO_4)_2 + SiO_2 + C \rightarrow CaSiO_3 + CO + P_4$$

Esta é uma reação redox (o fósforo passa de +5 para 0 e o carbono de 0 para +2), mas é muito fácil de balancear:

$$\textbf{2 } Ca_3(PO_4)_2 + \textbf{6 } SiO_2 + \textbf{10 } C \rightarrow \textbf{6 } CaSiO_3 + \textbf{10 } CO + \textbf{1 } P_4$$

07. e

a) falsa   Os óxidos CaO, K_2O e Na_2O são óxidos básicos. Ao reagirem com a água formam hidróxidos (bases). Óxidos ácidos são formados por ametais ou por metais com NOX alto.

b) falsa   Óxido de ferro III tem fórmula Fe_2O_3.

c) falsa   Óxidos neutros são óxidos que NÃO reagem com água nem com ácidos nem com hidróxidos. São eles H_2O, NO, CO e N_2O.

d) falsa   Trióxido de enxofre tem fórmula SO_3 e também pode ser chamado de anidrido sulfúrico (enxofre com NOX +6).

e) CORRETA   Segundo a tabela cimento Portland apresenta de 2% a 3,5% de Fe_2O_3. Assim, em 1 kg de cimento Portland, no mínimo 20 g de Fe_2O_3. Logo, calcularemos o número de átomos de ferro em 20 g de Fe_2O_3:

1 mol de Fe_2O_3	–	2 mols de Fe	–	$2 \times 6 \times 10^{23}$ átomos de Fe
160 g	–	–	–	$2 \times 6 \times 10^{23}$ átomos de Fe
20 g	–	–	–	N

$$N = \frac{20 \times 2 \times 6 \times 10^{23}}{160} \text{átomos} = 1,5 \times 10^{23} \text{ átomos de Fe}$$

08. b

Resumindo os principais tipos de reação. No deslocamento ou simples troca, as espécies químicas negritadas são substâncias simples. Assim, deslocamento ou simples troca corresponde obrigatoriamente a uma reação redox.

síntese	$A + B + ... \rightarrow X$
análise	$X \rightarrow A + B + ...$
deslocamento ou simples troca	$\textbf{A} + BC \rightarrow AC + \textbf{B}$ ou $\textbf{A} + BC \rightarrow \textbf{C} + BA$
dupla troca	$AB + CD \rightarrow AD + CB$

dupla troca $3 Ca(OH)_2 + A\ell_2(SO_4)_3 \rightarrow 2 A\ell(OH)_3 + CaSO_4$

síntese $2 Mg + O_2 \rightarrow 2 MgO$

68 TREINAMENTO EM QUÍMICA • EsPCEx • VOLUME II

deslocamento $Zn + 2\ HC\ell \rightarrow ZnC\ell_2 + H_2$

análise $NH_4HCO_3 \rightarrow CO_2 + NH_3 + H_2O$

Observe que na equação de deslocamento (zinco deslocando hidrogênio), Zn se oxida (0 a +2) e H se reduz (+1 a 0).

09. b

Óxidos básicos são formados por metais com NOX baixo. Reagem com a água formando hidróxidos (bases). No caso, MgO (óxido de magnésio) e Na_2O (óxido de sódio, que reagem com a água formando NaOH (hidóxido de sódio) e $Mg(OH)_2$ (hidróxido de magnésio $(Mg(OH)_2$:

$$Na_2O + H_2O \rightarrow 2\ NaOH \qquad\qquad MgO + H_2O \rightarrow Mg(OH)_2$$

CO é um óxido neutro (veja a questão 07, item c).

Óxidos ácidos são formados por ametais ou por metais com NOX alto. No caso, CO_2 (dióxido de carbono) e CrO_3, óxido de cromo VI ou anidrido crômico.

ESTEQUIOMETRIA

CAPÍTULO 05

Por ser o método que preferimos para tratar os problemas de Estequiometria relativamente pouco conhecido, aproveitamos a oportunidade para apresentá-lo, de maneira bem resumida.

Partimos do pressuposto que temos uma equação balanceada representativa do processo químico que ocorre:

$$a\,A + b\,B \to c\,C + d$$

A, B, C e D são as substâncias participantes do processo, e **a**, **b**, **c** e **d** os coeficientes estequiométricos. Em reação, temos que ter:

$$\frac{n(A)}{a} = \frac{n(B)}{b} = \frac{n(C)}{c} = \frac{n(D)}{d}$$

Naturalmente, **n(A)**, **n(B)**, **n(C)** e **n(D)** representam os números de mols de **A**, **B**, **C** e **D**. Para determinação do número de mols, as maneiras mais comuns são:

para massas:

$$n(X) = \frac{m(X)}{MM(X)}$$

para volumes:

$$n(X) = \frac{V(X)}{VM(X)}$$

01. c

Vamos estabelecer como incónitas **a** e **b**, respectivamente os números de mols de Na_2O e K_2O. Podemos então escrever que a soma das massas de Na_2O e K_2O é 5828 g:

$$MM(Na_2O) \times n(Na_2O) + MM(K_2O) \times n(K_2O) = 5828$$
$$62 \times a + 94 \times b = 5828$$

Temos assim a primeira equação do sistema de duas equações e duas incógnitas que resolve o problema.

Os 300 mols de $HC\ell$ têm os seguintes destinos: n1 mols reagem com o Na_2O; n2 mols reagem com o K_2O; e n3 mols são neutralizados pelo NaOH. Assim escrevemos:

Na_2O reage com $HC\ell$

$$Na_2O + 2\,HC\ell \to 2\,NaC\ell + H_2O$$

$$n(Na_2O) = \frac{n1(HC\ell)}{2} \Rightarrow n1(HC\ell) = 2 \times a$$

K_2O reage com $HC\ell$

$$K_2O + 2\,HC\ell \to 2\,NaC\ell + H_2O$$

$$n(K_2O) = \frac{n2(HC\ell)}{2} \Rightarrow n2(HC\ell) = 2 \times b$$

70 TREINAMENTO EM QUÍMICA • EsPCEx • VOLUME II

O excesso de HCℓ é neutralizado pelo NaOH

$$HCℓ + NaOH \rightarrow NaCℓ + H_2O$$

$$n3(HCℓ) = n(NaOH) \Rightarrow n3(HCℓ) = 144$$

Como o total de mols de HCℓ era de 300 mols, tem-se:

$$n1(HCℓ) + n2(HCℓ) + n3(HCℓ) = 300$$

$$2 \times a + 2 \times b + 144 = 300 \Rightarrow 2 \times a + 2 \times b = 156$$

Temos então o sistema de duas equações e duas incógnitas que resolve o problema:

$$\begin{cases} 62 \times a + 94 \times b = 5828 \\ 2 \times a + 2 \times b = 156 \Rightarrow 62 \times a + 62 \times b = 4836 \end{cases}$$

$$32 \times b = 992 \Rightarrow b = \frac{992}{32} = 31$$

A massa destes 31 mols de K_2O presentes na mistura é (31×94) g = 2914 g. Em termos percentuais, temos:

$$\%K_2O = \frac{2914}{5828} \times 100\% = 50\%$$

02. b

A equação de desidratação por aquecimento é:

$$CaSO_4 \cdot n\,H_2O \xrightarrow{\Delta} CaSO_4 + n\,H_2O$$

Por diferença, podemos obter a massa da água "perdida":

$$(1,72 - 1,36) \text{ g} = 0,36 \text{ g}$$

Estabelecemos a relação mais simples:

$$n(CaSO_4) = \frac{n(H_2O)}{n} \Rightarrow \frac{m(CaSO_4)}{MM(CaSO_4)} = \frac{m(H_2O)}{n \times MM(H_2O)} \Rightarrow \frac{1,36}{136} = \frac{0,36}{n \times 18}$$

$$n = \frac{136 \times 0,36}{1,36 \times 18} = 2$$

Assim, a fórmula é $CaSO_4 \cdot 2\ H_2O$, sulfato de cálcio diidratado. Existe outra forma hidratada do sulfato de cálcio, $CaSO_4 \cdot \frac{1}{2}\ H_2O$, conhecida como hemiidrato. Este hemiidrato é o gesso usado em ortopedia.

03. c

Existem duas maneiras de se resolver esta questão: uma longa e uma curta. A solução longa inicia pelo balanceamento *em cascata*, que visa obter uma única equação para o processo:

$$\begin{array}{lcl} S_8 + 8\ O_2 & \rightarrow & \cancel{8\ SO_2} \\ \cancel{8\ SO_2} + 4\ O_2 & \rightarrow & \cancel{8\ SO_3} \\ \cancel{8\ SO_3} + 8\ H_2O & \rightarrow & 8\ H_2SO_4 \\ \hline S_8 + 12\ O_2 + 8\ H_2O & \rightarrow & 8\ H_2SO_4 \end{array}$$

ESTEQUIOMETRIA

Obtida esta reação, podemos escrever:

$$n(S_8) = \frac{n(H_2SO_4)}{8} \Rightarrow \frac{m(S_8)}{MM(S_8)} = \frac{m(H_2SO_4)}{8 \times MM(H_2SO_4)} \Rightarrow \frac{m(S_8)}{8 \times 32} = \frac{49}{8 \times 98}$$

$$m(S_8) = \frac{8 \times 32 \times 49}{8 \times 98} \, g = 16 \, g$$

A solução curta passa por perceber que no processo não há *perda* de enxofre: todo o enxofre inicial estará no H_2SO_4 final. Logo:

1 mol de S	–	1 mol de H_2SO_4
32 g	–	98 g
m	–	49 g

$$m = \frac{32 \times 49}{98} \, g = 16 \, g$$

04. c

Vamos aproveitar a equação que nos foi fornecida:

$$4 \, C_3H_5(NO_3)_3(\ell) \rightarrow 6 \, N_2(g) + 12 \, CO(g) + 10 \, H_2O(g) + 7 \, O_2(g)$$

Observe que para 4 mols de nitroglicerina detonados, vão se formar 35 mols de gases $(6 + 12 + 10 + 7 = 35)$.

Para situações tais em que não sabemos o volume molar dos gases, a melhor tática é determinar o número de mols de gases produzido. Assim:

$$\frac{n(C_3H_5(NO_3)_3)}{4} = \frac{n(gases)}{35} \Rightarrow \frac{m(C_3H_5(NO_3)_3)}{4 \times MM(C_3H_5(NO_3)_3)} = \frac{n(gases)}{35}$$

$$\frac{454}{4 \times 227} = \frac{n(gases)}{35} \Rightarrow n(gases) = \frac{454 \times 35}{4 \times 227} \, mol = 17,5 \, mol$$

Para determinar o volume dos gases, usamos a equação de Clapeyron:

$$p \times V = n \times R \times T \Rightarrow 1 \times V = 17,5 \times 0,082 \times 300 \Rightarrow V = 430,5 \, L$$

05. d

Vamos estabelecer como incónitas **a** e **b**, respectivamente os números de mols de NaOH e CaO. Podemos então escrever que a soma das massas de NaOH e CaO é 11,2 g:

$$MM(NaOH) \times n(NaOH) + MM(CaO) \times n(CaO) = 11,2$$

$$40 \times a + 56 \times b = 11,2$$

Temos assim a primeira equação do sistema de duas equações e duas incógnitas que resolve o problema.

Vamos tratar agora das reações das amostras I e II com ácido sulfúrico, H_2SO_4, separadamente:

NaOH reage com H_2SO_4

$$2\,NaOH + H_2SO_4 \rightarrow Na_2SO_4 + 2\,H_2O$$

$$\frac{n(NaOH)}{2} = n(Na_2SO_4) \Rightarrow \frac{n(NaOH)}{2} = \frac{m(Na_2SO_4)}{MM(Na_2SO_4)}$$

$$\frac{a}{2} = \frac{m(Na_2SO_4)}{142} \Rightarrow m(Na_2SO_4) = 71 \times a$$

CaO reage com H_2SO_4

$$CaO + H_2SO_4 \rightarrow CaSO_4 + H_2O$$

$$n(CaO) = n(CaSO_4) \Rightarrow n(CaO) = \frac{m(CaSO_4)}{MM(CaSO_4)}$$

$$b = \frac{m(CaSO_4)}{136} \Rightarrow m(CaSO_4) = 136 \times b$$

Então, a soma das massas dos sais assim se escreve:

$$71 \times a + 136 \times b = 25,37$$

Temos então o sistema de duas equações e duas incógnitas que resolve o problema:

$$\begin{cases} 40 \times a + 56 \times b = 11,2 \\ 71 \times a + 136 \times b = 25,37 \end{cases}$$

Resolvendo, obtemos:

$$\begin{cases} 40 \times a + 56 \times b = 11,2 \\ 71 \times a + 136 \times b = 25,37 \end{cases} \Rightarrow \begin{cases} 680 \times a + 952 \times b = 190,4 \\ 497 \times a + 952 \times b = 177,59 \end{cases} \Rightarrow 183 \times a = 12,81$$

$$a = \frac{12,81}{183} = 0,07 \Rightarrow m(NaOH) = 0,07 \times 40\,g = 2,8\,g$$

Logo, as massas de NaOH e CaO são, respectivamente, 2,8 g e 8,4 g.

06. d

I	falsa	A estrutura do bicarbonato de sódio está obviamente errada (o carbono está fazendo *cinco* ligações); e também está errada a fórmula $H = C\ell$.
II	falsa	A reação entre ácido clorídrico e bicarbonato de sódio não é redox, verifique: $H = +1$, $C\ell = -1$, $Na = +1$, $C = +4$ e $O = -2$.

III   CORRETA

$$n(HC\ell) = n(NaHCO_3) \Rightarrow \frac{m(HC\ell)}{MM(HC\ell)} = \frac{m(NaHCO_3)}{MM(NaHCO_3)}$$

$$\frac{m(HC\ell)}{36,5} = \frac{4,200}{84} \Rightarrow m(HC\ell) = \frac{36,5 \times 4,200}{84}\,g = 1,825\,g$$

ESTEQUIOMETRIA

07. a

Vamos obter uma única equação, balanceando as três etapas *em cascata*:

$$CaCO_3(s) \rightarrow \cancel{CaO(s)} + CO_2(g)$$
$$\cancel{CaO(s)} + 3\,C(s) \rightarrow \cancel{CaC_2(s)} + CO(g)$$
$$\cancel{CaC_2(s)} + 2\,H_2O(\ell) \rightarrow Ca(OH)_2(aq) + C_2H_2(g)$$

$$CaCO_3(s) + 3\,C(s) + 2\,H_2O(\ell) \rightarrow CO_2(g) + CO(g) + Ca(OH)_2(aq) + C_2H_2(g)$$

Assim, podemos escrever a relação que resolve o problema:

$$n(CaCO_3) = n(C_2H_2) \Rightarrow \frac{m(CaCO_3)}{m(CaCO_3)} = \frac{m(C_2H_2)}{MM(C_2H_2)} \Rightarrow \frac{m(CaCO_3)}{100} = \frac{5,2}{26}$$

$$m(CaCO_3) = \frac{5,2 \times 100}{26}\,g = 20,0\,g$$

08. d

O primeiro passo é balancear corretamente a equação de combustão do butano:

$$C_4H_{10} + 13/2\,O_2 \rightarrow 4\,CO_2 + 5\,H_2O$$

Podemos então escrever a relação que resolve o problema:

$$n(C_4H_{10}) = \frac{n(CO_2)}{4} \Rightarrow \frac{m(C_4H_{10})}{MM(C_4H_{10})} = \frac{V(CO_2)}{4 \times VM} \Rightarrow \frac{174,0\,g}{58\,g/mol} = \frac{V(CO_2)}{4 \times 24,5\,L/mol}$$

$$V(CO_2) = \frac{174 \times 4 \times 24,5}{58}\,L = 294,0\,L$$

CAPÍTULO 06

SOLUÇÕES

01. e

Em 100 mL (0,1 L) de solução aquosa 0,5 mol/L de sulfato de potássio, K_2SO_4, há (0,1 × 0,5) mol = 0,05 mol de íon sulfato.

Em 100 mL (0,1 L) de solução aquosa 0,4 mol/L de sulfato de alumínio, $A\ell_2(SO_4)_3$, há (3 × 0,1 × 0,4) mol = 0,12 mol de íon sulfato.

Assim, há um total de (0,05 + 0,12) mol = 0,17 mol de íon sulfato dissolvidos em 200 mL (0,2 L) de solução. Ou seja, a concentração é

$$M = \frac{0,17\,mol}{0,2\,L} = 0,85\,mol/L$$

02. e

A reação de neutralização é $NaOH + HC\ell \rightarrow NaC\ell + H_2O$, o que nos permite escrever:

$$V(NaOH) \times M(NaOH) = V(HC\ell) \times M(HC\ell) \Rightarrow 10 \times M(NaOH) = 20 \times 0,05$$
$$M(NaOH) = 0,1\,mol/L$$

Se a solução de NaOH é 0,1 mol/L, em 1 L dela havia 0,1 mol de NaOH, ou seja, 0,1 × 40 g = 4 g de NaOH. Em termos percentuais:

$$\%(NaOH) = \frac{4\,g}{5\,g} \times 100\% = 80\%$$

Capítulo 07
Termoquímica

01. d
A equação desejada é 2 Fe + 3/2 O_2 → Fe_2O_3. Vamos montá-la a partir das equações fornecidas.
Se no primeiro membro temos **2 Fe**, dividimos a equação I por 2 (naturalmente ΔH é dividido por 2), obtendo:

$$2\ Fe + 6\ H_2O \rightarrow 2\ Fe(OH)_3 + 3\ H_2 \quad \Delta H = +321{,}98\ kJ$$

Ainda no primeiro membro, temos **3/2 O_2**. Assim, dividimos a equação III por 2, obtendo:

$$3\ H_2 + 3/2\ O_2 \rightarrow 3\ H_2O \quad \Delta H = -857{,}49\ kJ$$

No segundo membro, temos Fe_2O_3. Para isto, invertemos a equação II e a dividimos por 2 (naturalmente ΔH é dividido por 2 e troca de sinal), obtendo:

$$2\ Fe(OH)_3 \rightarrow 3\ H_2O + Fe_2O_3 \quad \Delta H = -288{,}69\ kJ$$

Somando as equações obtidas, os termos indesejados são cancelados:

$$\begin{array}{ll}
2\ Fe + \cancel{6\ H_2O} \rightarrow \cancel{2\ Fe(OH)_3} + \cancel{3\ H_2} & \Delta H = +321{,}98\ kJ \\
\cancel{3\ H_2} + 3/2\ O_2 \rightarrow \cancel{3\ H_2O} & \Delta H = -857{,}49\ kJ \\
\cancel{2\ Fe(OH)_3} \rightarrow \cancel{3\ H_2O} + Fe_2O_3 & \Delta H = -288{,}69\ kJ \\
\hline
2\ Fe + 3/2\ O_2 \rightarrow Fe_2O_3 & \Delta H = -824{,}20\ kJ
\end{array}$$

02. d
Observe as marcações que fizemos no gráfico da prova:

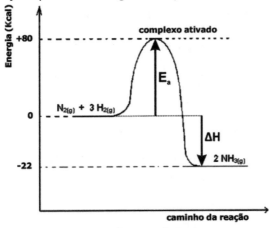

I	falsa	Há liberação de 22 kcal para cada 2 mols de $NH_3(g)$. Ou seja, $\Delta H^0_f(NH_3) = -11$ kcal/mol ($-46,1$ kJ·mol^{-1}).
II	CORRETA	Veja no gráfico da página anterior.
III	falsa	O processo é exotérmico, como mostra o gráfico (produtos *abaixo* dos reagentes): $N_2(g) + 3 H_2(g) \rightarrow 2 NH_3(g)$, $\Delta H = -22$ kcal.

03. b

Vamos entender a tabela que recebemos. O que nos é solicitado é a entalpia de formação do butano.

Fórmula molecular e fase de agregação	$\Delta H^0_{combustão}$
$C_{grafita}(s)$	$-393,3$
$H_2(g)$	$-285,8$
$C_4H_{10}(g)$	$-2878,6$

A combustão do grafite é a formação do CO_2:

$$C + O_2 \rightarrow CO_2 \qquad \Delta H = -393,3 \text{ kJ}$$

A combustão do $H_2(g)$ é a formação de H_2O:

$$H_2 + \frac{1}{2} O_2 \rightarrow H_2O \qquad \Delta H = -285,8 \text{ kJ}$$

Escrevemos a combustão do butano:

$$C_4H_{10} + 13/2 \, O_2 \rightarrow 4 CO_2 + 5 H_2O \quad \Delta H = -2878,6 \text{ kJ}$$

Trabalhando a equação de combustão do butano, temos:

$\Delta H = 4 \times H(CO_2) + 5 \times H(H_2O) - H(C_4H_{10})$

$-2878,6 = 4 \times (-393,3) + 5 \times (-285,8) - H(C_4H_{10})$

$H(C_4H_{10}) = (-1573,2 - 1429,0 + 2878,6)$ kJ/mol $= -123,6$ kJ/mol

04. b

A questão é de estequiometria, e a equação da reação de termita está balanceada:

$$2 \, A\ell + Fe_2O_3 \rightarrow 2 \, Fe + A\ell_2O_3$$

Podemos então escrever a relação que resolve o problema:

$$\frac{n(A\ell)}{2} = \frac{n(Fe)}{2} \Rightarrow \frac{m(A\ell)}{MM(A\ell)} = \frac{m(Fe)}{MM(Fe)} \Rightarrow \frac{m(A\ell)}{27 \text{ g/mol}} = \frac{336 \text{ g}}{56 \text{ g/mol}}$$

$m(A\ell) = 162$ g

Em termos de porcentagem: $\%A\ell = \dfrac{162}{900} \times 100\% = 18\%$

A questão já está resolvida, mas vamos calcular a massa de Fe_2O_3 necessária à reação de Termita:

$$n\left(Fe_2O_3\right) = \frac{n(Fe)}{2} \Rightarrow \frac{m\left(Fe_2O_3\right)}{MM\left(Fe_2O_3\right)} = \frac{m(Fe)}{2\times MM(Fe)} \Rightarrow \frac{m\left(Fe_2O_3\right)}{160\ g/mol} = \frac{336}{2\times 56\ g/mol}$$

$m\left(Fe_2O_3\right) = 480$ g

Ou seja, como serão usados $(900 - 162)$ g = 738 g de Fe_2O_3, este está em largo excesso, sendo então o alumínio o reagente limitante.

05.   c

Da equação da reação de termita, 2 $A\ell$ + Fe_2O_3 $\rightarrow$ 2 Fe + $A\ell_2O_3$, vem:

$\Delta H^0_r = H^0_f(A\ell_2O_3) - H^0_f(Fe_2O_3) = (-1675{,}7 - (-824{,}2))$ kJ = $-851{,}5$ kJ

CINÉTICA QUÍMICA

CAPÍTULO **08**

01. c
A velocidade da reação é determinada pela etapa LENTA, que é:
$$SO_2(g) + NO_2(g) \rightarrow SO_3(g) + NO(g)$$
Logo, a expressão da lei de velocidade é $v = k \cdot [SO_2] \cdot [NO_2]$.
O catalisador da reação é o **$NO_2(g)$**. Observe que ele é necessário (consumido) na etapa LENTA, mas é inteiramente regenerado (produzido) na etapa RÁPIDA, não aparecendo na reação completa:

$2\,SO_2(g) + \mathbf{2\,NO_2(g)} \rightarrow 2\,SO_3(g) + 2\,NO(g)$	ETAPA LENTA
$2\,NO(g) + O_2(g)(g) \rightarrow \mathbf{2\,NO_2(g)}$	ETAPA RÁPIDA
$S\,SO_2(g) + O_2(g) \rightarrow 2\,SO_3(g)$	REAÇÃO COMPLETA

02. a
Como as solicitações envolvem tempo em minutos, alteramos a tabela fornecida para esta:

[NO] (mol·L⁻¹)	0	0,15	0,25	0,31	0,34
Tempo (min)	0	3	6	9	12

Para calcular a velocidade média num intervalo de tempo *relativa a um determinado componente*, no caso o NO no intervalo de 6 a 9 minutos, fazemos:

$$v(NO) = \frac{\Delta[NO]}{\Delta t} = \frac{0,31 - 0,25}{9 - 6}\,mol \cdot L^{-1} \cdot min^{-1} = 2 \cdot 10^{-2}\,mol \cdot L^{-1} \cdot min^{-1}$$

Para determinar a velocidade média *da reação*, é necessário padronizar para que todos os reagentes e produtos forneçam o mesmo resultado. Assim, para uma reação teórica $a\,A + b\,B \rightarrow c\,C + d\,D$, a velocidade média da reação é:

$$v_{reação} = -\frac{v(A)}{a} = -\frac{v(B)}{b} = \frac{v(C)}{c} = \frac{v(D)}{d}$$

Observe que o motivo do sinal negativo precedendo v(A) e v(B) é que estas velocidades são negativas, umas vez que os reagentes são consumidos, ou seja, suas concentrações diminuem (variação negativa).
Como a reação de combustão da amônia é $4\,NH_3(g) + 5\,O_2(g) \rightarrow 4\,NO(g) + 6\,H_2O(g)$, o coeficiente de balanceamento do NO(g) é 4, logo:

$$v_{reação} = \frac{v(NO)}{4} = \frac{2 \cdot 10^{-2}}{4}\,mol \cdot L^{-1} \cdot min^{-1} = 5 \cdot 10^{-3}\,mol \cdot L^{-1} \cdot min^{-1}$$

82   TREINAMENTO EM QUÍMICA • EsPCEx • VOLUME II

03.   **d**

Consideramos que a lei de velocidades é $v = K \times [A]^{\alpha} \times [B]^{\beta}$, onde α e β são expoentes a determinar, podendo ou não ser iguais aos coeficientes de balanceamento (provavelmente não são). Chamamos de ordem da reação a soma $\alpha + \beta$, sendo que a ordem para o reagente A é α e a ordem para o reagente B é β.

Vamos analisar o quadro de velocidades.

linha 1 × linha 2:

Experiência	[A] mol·L⁻¹	[B] mol·L⁻¹	v mol·L⁻¹·min⁻¹
1	2,5	5,0	5,0
2	5,0	5,0	20,0

Observe que [A] dobrou, [B] se manteve constante e a velocidade foi multiplicada por 4, ou seja, por 2^2. Assim, $\alpha = 2$, e a reação é de segunda ordem em relação a A.

linha 2 × linha 3:

Experiência	[A] mol·L⁻¹	[B] mol·L⁻¹	v mol·L⁻¹·min⁻¹
2	5,0	5,0	20,0
3	5,0	10,0	20,0

Observe que [A] se manteve constante, [B] dobrou e a velocidade se manteve constante. Assim, $\beta = 0$, e a reação é de ordem zero em relação a B (esta é a maneira matemática de dizer que [B] não tem influência na velocidade).

Logo, a lei de velocidade é $v = K \times [A]^2 \times [B]^0$, ou $v = K \times [A]^2$.

Agora, o que é reação elementar? Reação elementar é aquela que se produz em uma só etapa. As moléculas dos reagentes interagem conduzindo a produtos através de um único estado de transição. Nas reações elementares, os expoentes α e β são iguais a **a** e **b**.

<table>
<tr><td rowspan="5" align="right">Resumindo
a
resposta:</td><td>I</td><td>falsa</td></tr>
<tr><td>II</td><td>falsa</td></tr>
<tr><td>III</td><td>CORRETA</td></tr>
<tr><td>IV</td><td>CORRETA</td></tr>
<tr><td>V</td><td>falsa</td></tr>
</table>

04.   **b**

Foram considerados dois fatores que podem alterar a velocidade da reação: a temperatura e a presença ou ausência de catalisadores.

Assim, o menor tempo será na maior temperatura (90 °C) e na presença de catalisador: t_3.

O segundo menor será na temperatura de 90 °C com catalisador ausente: t_4.

Em terceiro lugar, na temperatura de 75 °C com catalisador ausente: t_2.

E a reação mais lenta ocorrerá a 60 °C com catalisador ausente: t_1.

$$t_3 < t_4 < t_2 < t_1$$

Capítulo 09
Equilíbrio Químico

01. b
Define-se pH = –log [H⁺] e pOH = –log [OH⁻]. A 25 °C valem as relações:
[H⁺] × [OH⁻] = 1,0 × 10⁻¹⁴ e pH + pOH = 14
Assim, pH = 6 ⇒ [H⁺] = 10⁻⁶ ⇒ pOH = 8 ⇒ [OH⁻] = 10⁻⁸

02. d
A equação H₂O(g) + C(s) + 31,4 kcal ⇌ CO(g) + H₂(g) pode ser reescrita como:

H₂O(g) + C(s) ⇌ CO(g) + H₂(g)   ΔH = +31,4 kcal

Assim, o sentido direto da reação é endotérmico. Afirmação I falsa.
Para esta reação, a constante de equilíbrio é:

$$Kc = \frac{[CO] \cdot [H_2]}{[H_2O]}$$

Observe que sólidos puros e líquidos puros não entram na expressão de Kc, pois apresentam concentrações constantes, que são incorporadas à expressão de Kc. Afirmação II falsa.
A adição de CO(g) ao sistema deslocará o equilíbrio para a esquerda, pois parte do CO(g) adicionado será consumido (princípio de Le Chatelier). Afirmação III CORRETA.
O aumento da pressão total também deslocará o equilíbrio para a esquerda, na tendência da diminuição da pressão total fazendo que se passe a reação que diminui o número de mols de gás no sistema (princípio de Le Chatelier). Afirmação IV falsa.

Henri Louis Le Châtelier (Paris, 1850 – Miribel-les-Èchelles, 1936), químico e metalurgista francês. Formulou em 1888 o que chamamos **Princípio de Le Châtelier**.

03. b
Calculamos a concentração (molaridade) da nova solução formada, que passou a ter um volume de (1,0 + 9,0) mL = 10,0 mL:
Vi × Mi = Vf × Mf ⇒ 1,0 mL × 0,1 mol/L = 10,0 mL × Mf ⇒ Mf = 0,01 mol/L
A ionização do HCℓ, ácido forte, pode ser considerada como total:
[H⁺] = 0,01 mol/L = 1,0 × 10⁻² mol/L.
pH = –log [H⁺] = –log 1,0 × 10⁻² = 2

ELETROQUÍMICA

CAPÍTULO **10**

01. d

As variações de NOX são as seguintes:

$$\begin{array}{ccccccc} +1 & +7 & -2 & +2 & +6 & -2 \\ K & Mn & O_4 & \to & Mn & S & O_4 \end{array} \quad \Delta Mn = 5$$

Redução do manganês, logo o $KMnO_4$ (permanganato de potássio) é o agente oxidante.

$$\begin{array}{ccc} +1 & -1 & 0 \\ H_2 & O_2 & \to & O_2 \end{array} \quad \Delta O = 1 \times 2 = 2$$

Oxidação do oxigênio, logo o H_2O_2 (peróxido de hidrogênio) é o agente redutor. Vale observar que os demais átomos de oxigênio da reação não sofrem nenhuma variação, apresentando todos o NOX $= -2$.

Invertendo as variações e aplicando como coeficientes, temos:

$$2\ KMnO_4 + 5\ H_2O_2 + H_2SO_4 \to 2\ MnSO_4 + K_2SO_4 + 5\ O_2 + H_2O$$

Seguimos agora a tradicional ordem metais – ametais – hidrogênio – oxigênio (só para conferir), e iniciamos acertando o potássio:

$$2\ KMnO_4 + 5\ H_2O_2 + H_2SO_4 \to 2\ MnSO_4 + 1\ K_2SO_4 + 5\ O_2 + H_2O$$

Acertamos o exofre:

$$2\ KMnO_4 + 5\ H_2O_2 + 3\ H_2SO_4 \to 2\ MnSO_4 + 1\ K_2SO_4 + 5\ O_2 + H_2O$$

Finalmente acertamos o hidrogênio e conferimos o oxigênio:

$$2\ KMnO_4 + 5\ H_2O_2 + 3\ H_2SO_4 \to 2\ MnSO_4 + 1\ K_2SO_4 + 5\ O_2 + 8\ H_2O$$

Somando os coeficientes, temos: $2 + 5 + 3 + 2 + 1 + 5 + 8 = \mathbf{26}$.

02. a

As variações de nox são as seguintes:

$$\begin{array}{ccccc} +3 & -1 & +6 & -2 \\ Cr & (OH)_3 & \to & Cr & O_4^{2-} \end{array} \quad \Delta Cr = 3$$

Oxidação do cromo, logo o $Cr(OH)_3$ (hidróxido de cromo III) é o agente redutor.

$$\begin{array}{ccc} +5 & -2 & -1 \\ I & O_3^- & \to & I^- \end{array} \quad \Delta I = 6$$

Redução do iodo, logo o IO_3^- (ânion iodato) é o agente oxidante.

Simplificando as variações $(3 : 6 = 1 : 2)$, invertendo-as e aplicando como coeficientes, temos:

$$2\ Cr(OH)_3 + 1\ IO_3^- + OH^- \to 2\ CrO_4^{2-} + 1\ I^- + H_2O$$

Balanceamos agora as cargas elétricas, esta é uma equação iônica! O segundo membro já tem a carga total definida em 5 cargas negativas ($2\ CrO_4^{2-} + 1\ I^-$). Assim, o primeiro membro tem que apresentar 5 cargas negativas, o que nos permite acertar o ânion hidroxila:

$$2\,Cr(OH)_3 + 1\,IO_3^- + 4\,OH^- \rightarrow 2\,CrO_4^{2-} + 1\,I^- + H_2O$$

Finalmente acertamos o hidrogênio e conferimos o oxigênio:

$$2\,Cr(OH)_3 + 1\,IO_3^- + 4\,OH^- \rightarrow 2\,CrO_4^{2-} + 1\,I^- + 5\,H_2O$$

Somando os coeficientes, temos: $2 + 1 + 4 + 2 + 1 + 5 = \mathbf{15}$.

03. b

As variações de nox são as seguintes:

$$
\begin{array}{cccc}
\mathbf{+3} & -1 & \mathbf{+6} & -2 \\
Cr & I_3 & \rightarrow \quad Cr & O_4^{2-} \qquad \Delta Cr = 3 \\
\mathbf{+3} & -1 & \mathbf{+7} & -2 \\
Cr & I_3 & \rightarrow \quad I & O_4^- \qquad \Delta I = 8 \times 3 = 24
\end{array}
$$

$\Delta(CrI_3) = 27$

Cromo e iodo sofrem oxidação, logo o CrI_3 (iodeto de cromo III) é o agente redutor. Isto é o suficiente para assinalar como resposta a opção **b**.

$$
\begin{array}{cc}
\mathbf{+5} & \mathbf{-1} \\
C\ell_2 & \rightarrow \quad C\ell^- \qquad \Delta C\ell = 1 \times 2 = 2
\end{array}
$$

Redução do cloro, logo o $C\ell_2$ (substância simples cloro) é o agente oxidante.

Invertendo as variações e aplicando como coeficientes, temos:

$$2\,CrI_3 + 27\,C\ell_2 + OH^- \rightarrow 6\,IO_4^- + 2\,CrO_4^{2-} + 54\,C\ell^- + H_2O$$

O total de carga do segundo membro é de 64 cargas negativas, logo o do primeiro membro também tem que ser:

$$2\,CrI_3 + 27\,C\ell_2 + 64\,OH^- \rightarrow 6\,IO_4^- + 2\,CrO_4^{2-} + 54\,C\ell^- + H_2O$$

Acertando os hidrogênios e conferindo os oxigênios, temos:

$$2\,CrI_3 + 27\,C\ell_2 + 64\,OH^- \rightarrow 6\,IO_4^- + 2\,CrO_4^{2-} + 54\,C\ell^- + 32\,H_2O$$

A soma dos coeficientes é $(2 + 27 + 64 + 6 + 2 + 54 + 32) = 187$.

04. a

$FeSO_4 + Ag \rightarrow$ não ocorre reação $2\,AgNO_3 + Fe \rightarrow Fe(NO_3)_2 + 2\,Ag$	O metal Ag NÃO desloca o metal Fe dos seus sais. Como esperável, o metal Fe desloca o metal Ag dos seus sais.
$3\,FeSO_4 + 2\,A\ell \rightarrow A\ell_2(SO_4)_3 + 3\,Fe$ $A\ell_2(SO_4)_3 + 3\,Fe \rightarrow$ não ocorre reação	O metal $A\ell$ desloca o metal Fe dos seus sais. Como esperável, o metal Fe NÃO desloca o metal $A\ell$ dos seus sais.

Assim, a ordem decrescente de reatividade destes 3 metais é $\mathbf{A\ell > Fe > Ag}$.

05. b

semirreação anódica	$A\ell^0(s)$	$\rightarrow A\ell^{3+}(aq) + 3\,e^-$	$E^0 = +1,66\ V$	$\times 2$
semirreação catódica	$Fe^{2+}(aq) + 2\,e^-$	$\rightarrow Fe^0(s)$	$E^0 = -0,44\ V$	$\times 3$
reação global	$2\,A\ell^0(s) + 3\,Sn^{2+}(aq) \rightarrow 2\,A\ell^{3+}(aq) + 3\,Sn^0(s)$		$\Delta E^0 = +1,22\ V$	

ELETROQUÍMICA   87

Analisamos as afirmativas:

a)   falsa   A placa de ferro aumenta de massa, devido à deposição do ferro.

b)   CORRETA Veja no esquema da pilha a ddp.

c)   falsa   Veja no esquema da pilha que o alumínio é o anodo.

d)   falsa   Os potenciais de oxidação se obtêm invertendo as equações dos potenciais de redução e trocando os sinais de E°. O potencial de oxidação do $A\ell$ é maior que o do Fe (+1,66 V > +0,44 V).

e)   falsa   A oxidação do $A\ell$ aumenta o número de carga positivas no béquer 1. Logo, cargas negativas da solução da ponte salina (ânions $C\ell^-$) se dirigem para lá.

06.   b

Para a formação de cloro gasoso: $2\ C\ell^- \to C\ell_2(g) + 2\ e^-$

$$
\begin{array}{ccc}
2 \text{ mols de } e^- & - & 1 \text{ mol de } C\ell_2 \\
2 \times 96500 \text{ C} & - & 22{,}71 \text{ L} \\
(5 \times 1930) \text{ C} & - & V \\
\end{array}
$$

$$V = \frac{5 \times 1930 \times 22{,}71}{2 \times 96500} L = 1{,}1355\,L$$

Para a formação de sódio: $Na^+ + e^- \to Na^0$

$$
\begin{array}{ccc}
1 \text{ mol de } e^- & - & 1 \text{ mol de Na} \\
96500 \text{ C} & - & 23 \text{ g} \\
(5 \times 1930) \text{ C} & - & m \\
\end{array}
$$

$$m = \frac{5 \times 1930 \times 23}{96500} g = 2{,}3\,g$$

07.   d

As variações de nox são as seguintes:

$$
\overset{+6}{Cr_2}\ \overset{-2}{O_7^{2-}} \to \overset{+3}{Cr^{3+}} \quad \Delta Cr = 3 \times 2 = 6
$$

Redução do cromo, logo o ânion $Cr_2O_7^{2-}$ (dicromato) é o agente oxidante.

$$
\overset{+1}{H_2}\ \overset{+3}{C_2}\ \overset{-2}{O_4} \to \overset{+4}{C}\ \overset{-2}{O_2} \quad \Delta C = 1 \times 2 = 2
$$

Oxidação do carbono, logo o $H_2C_2O_4$ (ácido oxálico ou etanodioico) é o agente redutor.

Simplificando as variações (6 : 2 = 3 : 1), invertendo-as e aplicando como coeficientes, temos:

$$\mathbf{1}\ Cr_2O_7^{2-} + \mathbf{3}\ H_2C_2O_4 + H^+ \to \mathbf{2}\ Cr^{3+} + \mathbf{6}\ CO_2 + H_2O$$

88 TREINAMENTO EM QUÍMICA • EsPCEx • VOLUME II

Balanceamos agora as cargas elétricas, esta é uma equação iônica! O segundo membro já tem a carga total definida em 6 cargas positivas ($2\ Cr^{3+}$). Assim, o primeiro membro tem que apresentar 6 cargas positivas, o que nos permite acertar o cátion H^+:

$$1\ Cr_2O_7^{2-} + 3\ H_2C_2O_4 + 8\ H^+ \rightarrow 2\ Cr^{3+} + 6\ CO_2 + H_2O$$

Finalmente acertamos o hidrogênio e conferimos o oxigênio:

$$1\ Cr_2O_7^{2-} + 3\ H_2C_2O_4 + 8\ H^+ \rightarrow 2\ Cr^{3+} + 6\ CO_2 + 7\ H_2O$$

Somando os coeficientes, temos: $1 + 3 + 8 + 2 + 6 + 7 = \mathbf{27}$.

08.   c

Na placa da esquerda da cuba 1 (placa negativa) haverá depósito de níquel, através da semirreação $Ni^{2+}(aq) + 2\ e^- \rightarrow Ni^0$.

Na placa da esquerda da cuba 2 (placa negativa) haverá depósito de prata, através da semirreação $Ag^+(aq) + e^- \rightarrow Ag^0$.

Como as cubas estão ligadas em série, mesma corrente e mesmo tempo de funcionamento implicam na mesma carga ($\mathbf{q = i \times t}$), logo mesmo número de mols de elétrons.

Para a prata:

$$
\begin{array}{ccc}
1\ \text{mol de e}^- & - & 1\ \text{mol de Ag} \\
1\ \text{mol de e}^- & - & 108\ \text{g} \\
n & - & 54\ \text{g} \\
\end{array}
$$

$$n = \frac{54}{108}\ \text{mol de e}^- = 0{,}5\ \text{mol de e}^-$$

Para o níquel:

$$
\begin{array}{ccc}
2\ \text{mols de e}^- & - & 1\ \text{mol de Ni} \\
2\ \text{mols de e}^- & - & 59\ \text{g} \\
0{,}5\ \text{mol de e}^- & - & m \\
\end{array}
$$

$$n = \frac{0{,}5 \times 59}{2}\ \text{g} = 14{,}75\ \text{g}$$

09.   d

I   Observe que a tabela está ordenada decrescentemente, segundo os potenciais de redução. Assim, se a prata é o maior potencial de redução, $Ag^+(aq)$ é um bom oxidante, e Ag^0 é um mau redutor. No outro extremo, se o magnésio é o menor potencial de redução, $Mg^{2+}(aq)$ é um mau oxidante, e Mg^0 é um bom redutor.

I   falsa

II
$$
\begin{array}{lll}
Zn^{2+} + 2\ e^- & \rightarrow Zn^0 & E^0 = -0{,}76\ V \\
Cu^0 & \rightarrow Cu^{2+} + 2\ e^- & E^0 = -0{,}34\ V \\
\hline
Zn^{2+} + Cu^0 & \rightarrow Zn^0 + Cu^{2+} & \Delta E^0 = -1{,}10\ V \\
\end{array}
$$

ELETROQUÍMICA

89

ΔE^0 negativo, reação não espontânea.

II CORRETA

III O risco reacional é $Ni^{2+}(aq) + Zn^0 \rightarrow Ni^0 + Zn^{2+}$.

$$Ni^{2+} + 2\ e^- \rightarrow Ni^0 \qquad E^0 = -0,24\ V$$
$$\underline{Zn^0 \rightarrow Zn^{2+} + 2\ e^- \quad E^0 = +0,76\ V}$$
$$Ni^{2+} + Zn^0 \rightarrow Ni^0 + Zn^{2+} \quad \Delta E^0 = +0,52\ V$$

Assim, a reação ocorre (E^0 positivo), contaminando a solução com cátions Zn^{2+} e corroendo o revestimento de zinco.

III falsa

IV anodo $\quad Mg^0 \rightarrow Mg^{2+} + 2\ e^- \quad E^0 = +2,37\ V$

catodo $\underline{Pb^{2+} + 2\ e^- \rightarrow Pb^0 \qquad E^0 = -0,13\ V}$

$$Mg^0 + Pb^{2+} \rightarrow Mg^{2+} + Pb^0 \quad \Delta E^0 = +2,24\ V$$

IV CORRETA

V anodo $\quad Cu^0 \rightarrow Cu^{2+} + 2\ e^- \qquad E^0 = -0,34\ V$

catodo $\underline{Ag^+ + e^- \rightarrow Ag^0 \qquad\qquad E^0 = +0,80\ V} \quad \times 2$

$$Cu^0 + 2\ Ag^+ \rightarrow Cu^{2+} + 2\ Ag^0 \quad \Delta E^0 = +0,56\ V$$

V CORRETA

Resumindo as afirmações:

I	falsa
II	CORRETA
III	falsa
IV	CORRETA
V	CORRETA

10. c

O correto balanceamento da equação é $2\ Na(s) + 2\ H_2O(\ell) \rightarrow 2\ NaOH(aq) + 1\ H_2(g)$. Todos os metais alcalinos dão reações semelhantes.

I CORRETA O sódio se oxida nesta reação, seu NOX passa de 0 para +1. Logo, o metal sódio (Na^0) é agente redutor. De uma maneira geral, metal (Me^0) no primeiro membro de uma equação é agente redutor.

II CORRETA Vide acima. $2 + 2 + 2 + 1 = \mathbf{7}$.

III falsa NaOH é substância composta e H_2 é substância simples.

IV CORRETA O sódio, muito eletropositivo, desloca o hidrogênio da água. Todos os metais alcalinos têm esta mesma propriedade.

90   Treinamento em Química • EsPCEx • Volume II

11.   d

A equação de deposição do cromo é $Cr^{3+}(aq) + 3\ e^- \rightarrow Cr^0(s)$. Logo, estabelecemos a seguinte relação:

$$
\begin{aligned}
3 \text{ mols de } e^- &\quad - \quad 1 \text{ mol de Cr} \\
3 \times 96500 \text{ C} &\quad - \quad 52 \text{ g} \\
(2 \times 96,5 \times 60) \text{ C} &\quad - \quad m \\
m = \frac{2 \times 96,5 \times 60 \times 52}{3 \times 96500} &\ g = 2,08 \text{ g}
\end{aligned}
$$

12.   e

O estanho apresenta três formas alotrópicas assim relacionadas:

$$
\underset{\text{estanho cinzento}}{Sn-\alpha} \underset{}{\overset{13,2\,°C}{\rightleftharpoons}} \underset{\text{estanho branco}}{Sn-\beta} \underset{}{\overset{161\,°C}{\rightleftharpoons}} \underset{\text{estanho gama}}{Sn-\gamma}
$$

A transformação de estanho branco em estanho cinzento e o processo inverso ocorrem, normalmente, de modo muito lento. No entanto, um frio intenso e prolongado pode causar o início da transformação espontânea em pontos isolados com formação de manchas de estanho cinzento em forma de pó. Partículas desse pó passam a atuar como núcleos de cristalização em outros pontos e a transformação tende a se propagar por todo o metal.

O estanho não reage de maneira apreciável com o oxigênio em baixas temperaturas. Apesar disto, a única opção assinalável pelo candidato é a opção (**e**), óxido de estanho II, de fórmula SnO.

13.   a

Analisamos opção por opção, de maneira a haver coerência com o assinalado na questão anterior.

I	falsa	Tanto a transformação alotrópica quanto a oxidação do estanho são fenômenos químicos.
II	CORRETA	O estanho dificilmente se oxida em baixas temperaturas, classificamos como correta para manter a coerência com a resposta dada na questão anterior. Além disto, propriedades específicas de elementos não fazem parte do conteúdo do Ensino Médio.
III	CORRETA	Veja acima. A reação citada seria $Sn + \frac{1}{2}\,O_2 \rightarrow SnO$, síntese direta do óxido de estanho II. Esta reação não ocorre em temperaturas baixas. Em temperaturas altas, a reação é $Sn + O_2 \rightarrow SnO_2$, produzindo óxido de estanho IV.
IV	falsa	A reação $Sn + \frac{1}{2}\,O_2 \rightarrow SnO$ é uma reação redox, onde o estanho transfere elétrons (se oxida) para o oxigênio (se reduz).

ELETROQUÍMICA　91

14.　a

A fina película negra que se forma é de Ag_2S, através da oxidação da prata que ocorre em ar poluído por H_2S, gás sulfídrico:

$$4 Ag(s) + 2 H_2S(g) + O_2(g) \rightarrow 2 Ag_2S(s) + 2 H_2O(\ell)$$

A equação de remoção da película consiste em sacrificar o alumínio (que irá se oxidar) para recuperar a prata (que irá se reduzir):

$$3 Ag_2S(s) + 2 A\ell(s) \rightarrow 6 Ag + 1 A\ell_2S_3(s)$$

15.　e

semirreação anódica		$Li^0(s)$	$\rightarrow$	$Li^+(aq) + e^-$	$E^0 = +3,04$ V	$\times 2$
semirreação catódica	$Sn^{2+}(aq) + 2 e^-$		$\rightarrow$	$Sn^0(s)$	$E^0 = -0,14$ V	
reação global	$2 Li^0(s) + Sn^{2+}(aq)$		$\rightarrow$	$2 Li^+(aq) + Sn^0(s)$	$\Delta E^0 = +2,90$ V	

Analisamos as afirmativas:

I　falsa　O lítio se oxida, cedendo elétrons para o estanho.

II　CORRETA　O estanho é o catodo da pilha.

III　CORRETA　Veja acima.

IV　falsa　O estanho se reduz.

V　CORRETA　Veja acima.

CAPÍTULO 11
RADIOATIVIDADE

01. b
Relembrando... Meia-vida ou período de semidesintegração é o tempo necessário para que o material de uma amostra radioativa se reduza à metade. No gráfico, podemos ver que a meia-vida é de 28 anos.

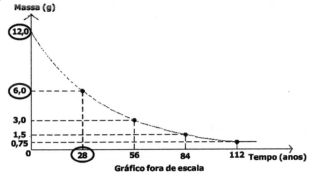

Observe que 12,0 g da amostra se reduzem a 6,0 g em 28 anos. Usamos então as relações:

$$\begin{cases} t = x \cdot t_{1/2} \\ mf = \dfrac{mi}{2^x} \end{cases}$$

O problema solicita que uma amostra de 80,0 g se reduza a 20,0 g. Assim:

$$mf = \dfrac{mi}{2^x} \Rightarrow 20,0 = \dfrac{80,0}{2^x} \Rightarrow 2^x = 4 \Rightarrow x = 2$$

x é o número de meias-vidas decorridas, 2. Assim, terão que se passar 2 meias-vidas, ou seja, 2 × 28 anos = 56 anos.

02. e
Esta sequência de desintegrações pertence à serie **4 n + 2** do ^{238}U. Observe:

$$^{238}_{92}U \rightarrow {}^{4}_{2}\alpha + {}^{234}_{90}X \; \left({}^{234}_{90}Th \right)$$

$$^{234}_{90}X \rightarrow {}^{0}_{-1}\beta + {}^{234}_{91}Z \; \left({}^{234}_{91}Pa \right)$$

$$^{234}_{91}Z \rightarrow {}^{0}_{-1}\beta + {}^{234}_{92}M \; \left({}^{234}_{92}U \right)$$

I   CORRETA   X e Z, relacionados por uma emissão β, são isóbaros (SEMPRE).

II CORRETA   M é o ^{234}U. X e M, relacionados por uma sequência de uma emissão α e 2 emissões β (em qualquer ordem), são isótopos (SEMPRE).

III   CORRETA Z (um dos isótopos do protactínio) tem (234 – 91) = 143 nêutrons.
IV   CORRETA X tem 90 prótons, é um dos isótopos do tório.

03. b
Uraninite (melhor seria uraninita, que é a palavra dicionarizada) é mais conhecida como pechblenda. É um minério de urânio, composto principalmente por UO_2, mas também contém UO_3 e óxidos de chumbo, tório, cério, ítrio, lantânio e outras *terras raras*.

Questões envolvendo meia-vida normalmente se resolvem usando as seguintes relações:

$$\begin{cases} t = x \cdot t_{1/2} \\ mf = \dfrac{mi}{2^x} \end{cases}$$

A primeira equação nos diz quantas meias-vidas se passaram:

$$60 \text{ min} = x \cdot 20 \text{ min} \Rightarrow x = 3$$

A segunda equação calcula a massa restante:

$$mf = \frac{100 \text{ g}}{2^3} = \frac{100 \text{ g}}{8} = 12,5 \text{ g}$$

Uma única ressalva... devido à meia-vida do ^{214}Bi ser relativamente baixa, é impossível na prática a obtenção de uma amostra de 100,0 g deste nuclídeo.

PIERRE CURIE (Paris, 1859 – Paris, 1906), físico francês, pioneiro no estudo da cristalografia, magnetismo, piezoelectricidade e radioatividade. **Prêmio Nobel de Física de 1903**, compartilhado com sua esposa **MARIE CURIE** e com **HENRI BECQUEREL**.

MARIE CURIE (Varsóvia, 1867 – Sallanches, 1934), cientista polonesa que exerceu sua atividade profissional na França. **Prêmio Nobel de Física de 1903** (compartilhado com seu marido **PIERRE CURIE** e com **HENRI BECQUEREL**. **Prêmio Nobel de Química de 1911** pela descoberta dos elementos químicos rádio e polônio.

IRENE JOLIOT-CURIE, filha de **PIERRE CURIE** e de **MARIE CURIE**, recebeu o **Prêmio Nobel de Química de 1935**, compartilhado com seu esposo **FRÉDÉRIC JOLIOT**.

Química Orgânica

CAPÍTULO **12**

01. c

Esta é uma questão fácil, onde é dada a fórmula em bastão do aspartame, e nos é exigido analisar se são falsas ou verdadeiras cinco afirmações.

I   As funções orgânicas existentes na molécula dessa substância são características, apenas, de éter, amina, amida, ácido carboxílico e aldeído.
Está claro que se trata, até aqui, de um simples reconhecimento de funções.

Logo, a afirmação é falsa, pois a questão afirma ter éter, cujo o grupo funcional é o átomo de oxigênio entre átomos de carbono(R – O – R), e aldeído que possui como grupo funcional uma carbonila (C = O) ligado a pelo menos um hidrogênio, ou *na ponta da cadeia*, se preferirem. Isto não é observado na estrutura. Muito cuidado para não confundir carbonila com carboxila, que é uma carbonila ligada a uma hidroxila.

II   A fórmula molecular do aspartame é $C_{13}H_{15}N_2O_5$.
Esta parte da questão exige apenas que você confira a quantidade de átomos de carbono, hidrogênio, nitrogênio e oxigênio, analisando a fórmula estrutural do composto. Lembrando que nesta questão foi utilizada a representação *em bastão*, onde cada ponta livre e cada vértice da figura contém um átomo de carbono, e os átomos de hidrogênio, por vezes, não são representados, estando subentendidos na molécula. Com isso, contar átomo por átomo pode ser muito trabalhoso.
Existe uma maneira mais simples de determinar a fórmula molecular.
Lembre-se que a fórmula que apresenta a maior relação possível entre átomos de carbono e hidrogênio é a fórmula geral dos alcanos: C_nH_{2n+2}.

96   Treinamento em Química • EsPCEx • volume II

Toda e qualquer fórmula molecular será derivada desta, com algumas pequenas alterações, é claro. Então, tudo o que você precisa saber é como a presença de átomos diferentes de carbono e hidrogênio (geralmente átomos das famílias 17 (7A), 16 (6A), e 15 (5A)), ciclos e insaturações causam alterações na fórmula geral mencionada acima. Então vamos lá:

Átomos da família 17 (7A)	=	$-1\,H$
Átomos da família 16 (6A)	=	nada
Átomos da família 15 (5A)	=	$+1\,H$
Para cada ciclo	=	$-2\,H$
Para cada dupla ligação	=	$-2\,H$
Para cada tripla ligação	=	$-4\,H$

Então comece a contar os carbonos. Utilize números para marcar os carbonos, pois dessa forma, se você perder a conta, fica bem fácil saber onde parou. Evite utilizar pontos, corações etc. Assim, sabemos ter:

$$C_{14}\,H_?\,N_2\,O_5$$

o que, por sorte, já nos diz que a afirmativa é falsa. Mas... continuemos na determinação da fórmula molecular.

Para determinar a fórmula molecular, temos que o número de hidrogênios é:

$2 \times 14 + 2 - 2$ (um ciclo) $- 6 \times 2$ (seis ligações duplas) $+ 2 \times 1$ (dois nitrogênios) = 18

Logo, a fórmula molecular é $C_{14}H_{18}N_2O_5$.

III   A função amina presente na molécula do aspartame é classificada como primária, porque só tem um hidrogênio substituído.

Verdade. Cabe lembrar que as aminas são substâncias derivadas da amônia (NH_3), pela substituição de um, dois, ou três hidrogênios por radical(is) orgânico(s). Com isto, uma das maneiras de classificar as aminas é exatamente em relação ao número de hidrogênios substituídos na amônia para se chegar à amina.

Aminas primárias:	$NH_2 - R$
Aminas secundárias:	$NH - R_2$
Aminas terciárias:	NR_3

Com isso, concluímos que de fato a amina é primária.

IV   A molécula do aspartame possui 7 carbonos com hibridização sp^3 e 4 carbonos com hibridização sp^2.

Cabe relembrar que olhar a hibridização é olhar os tipos de ligação que o carbono está realizando.

Carbono sp^3:	apenas ligações simples
Carbono sp^2:	apenas uma ligação dupla
Carbono sp:	uma ligação tripla, ou duas ligações duplas

QUÍMICA ORGÂNICA 97

Logo, a afirmação é falsa, pois temos 5 carbonos realizando apenas ligações simples (híbridos sp^3) e 9 carbonos realizando uma única ligação dupla (híbridos sp^2).

V   O aspartame possui 6 ligações π (pi) na sua estrutura.
Verdade.
É comum chamarmos as ligações na orgânica de ligação sigma (σ) ou pi (π).
E aí, é lembrar que toda ligação simples é uma ligação sigma (σ).
Uma ligação dupla é composta por uma ligação sigma (σ) mais uma ligação pi (π).
E, uma ligação tripla é composta por uma ligação sigma (σ) e duas ligações pi (π).
Com isto, como temos seis ligações duplas, temos seis ligações pi (π).
Finalmente, concluímos que as afirmativas CORRETAS são apenas a **III** e a **V**.

02.   c
Esta é uma questão típica que relaciona propriedades dos compostos orgânicos com a polaridade e as forças intermoleculares.
I   Verdade.
Segundo a tabela, o ponto de ebulição cresce do composto 1 ao 4. Assim sendo, o butano seria o de menor ponto de ebulição, seguido do metoxietano, propan-1-ol, e o de maior ponto de ebulição seria o ácido etanoico. Para analisarmos se esta afirmação está coerente, precisamos saber quais fatores influenciam no ponto de ebulição. Sempre devemos buscar responder as diferenças em pontos de ebulição analisando três fatores:
1)   FORÇAS INTERMOLECULARES
Cabe lembrar a existência de três tipos de forças que atuam entre as moléculas.

Ligação de Hidrogênio
Esta força será atuante em moléculas que contenham o átomo de hidrogênio (H) ligado a um dos três átomos mais eletronegativos da Tabela Periódica, que são flúor (F), oxigênio (O) e nitrogênio (N).
Neste tipo de interação, o átomo de hidrogênio funciona como uma verdadeira **ponte** entre dois átomos eletronegativos de moléculas diferentes. É uma atração muito forte, sendo apenas mais fraca que a interação iônica em compostos iônicos. Porém, é a mais forte das três forças atuantes em compostos orgânicos. Exemplo:

$$CH_3 - C \begin{array}{c} O - H \ldots\ldots O \\ \\ O \ldots\ldots H - O \end{array} C - CH_3$$

Dipolo-Dipolo Permanente
Esta força atua em moléculas que são predominantemente polares.
Para facilitar a nossa vida, os químicos de um modo geral consideram os hidrocarbonetos apolares, e os demais compostos com átomos diferentes de C e H, como oxigênio e halogênios, polares. Exemplos de moléculas polares são as cetonas, os aldeídos, os haletos orgânicos etc.

Agora, cabe ressaltar que na Química Orgânica analisar a polaridade das moléculas é um pouco mais complexo. Algumas moléculas possuem tanto uma parte polar quanto uma parte apolar.
Como exemplo, algumas moléculas de sais orgânicos, componentes dos principais sabões e detergentes. Observe, abaixo, o sulfato de laurila e sódio.

Parte Polar

Parte Apolar

Você já deve ter passado pela experiência de sujar a mão de óleo e querer lavar somente com água, e sua mão continuar oleosa. Isto acontece porque somente a água (polar) é incapaz de remover a gordura (apolar) de sua mão. Então, você adicionou um pouquinho de detergente, conseguindo a lavagem. Analisando a molécula do detergente fica fácil compreender o porquê deles serem essenciais na limpeza, pois na molécula acima temos uma parte que é apolar, que interage com a gordura, e uma parte polar que interage com a água. É por isso que os detergentes são hoje um dos principais agentes de limpeza e higiene, já que são desengordurantes muito eficazes.

Dipolo-Dipolo Induzido
Esta força atua em moléculas apolares (hidrocarbonetos). Você deve estar pensando: ora, se a molécula é apolar, ela é essencialmente desprovidas de pólos, então como é possível que haja alguma interação entre elas? Para entendermos este tipo de interação, podemos tomar como exemplo o nitrogênio líquido. O nitrogênio é uma substância gasosa em temperatura ambiente (p.e. N_2 = –196 °C) e, como todo e qualquer gás, suas moléculas se encontram afastadas, como se não houvesse interações entre elas. Agora, se somos capazes de liquefazer o gás nitrogênio, isto é, transformá-lo em um líquido, onde suas moléculas estarão mais próximas umas das outras, deve haver uma força, por menor que seja, que atue entre estas moléculas. E de fato ela existe. Esta força é chamada de dipolo-dipolo induzido, já que uma molécula induz a criação de um dipolo momentâneo em outra e assim sucessivamente.

Moléculas Apolares   Moléculas com Dipolo Induzido

Como os elétrons estão se movimentando, quando uma molécula do gás nitrogênio se aproxima de outra, os elétrons sentem a atração do núcleo da molécula vizinha, o que ocasiona um deslocamento da nuvem eletrônica, gerando desta maneira os pólos.
Concluindo, a ordem de intensidade destas forças é:

QUÍMICA ORGÂNICA 99

Ligação de Hidrogênio > Dipolo-Dipolo Permanente > Dipolo-Dipolo Induzido

2)   MASSA MOLAR
De modo geral, quando maior a massar molar, maior será o ponto de ebulição.

3)   TIPO DE CADEIA
Sempre devemos levar em consideração, também, que a presença de ramificações diminui a interação entre as moléculas. Entendemos que, quanto mais ramificada for uma cadeia carbônica, menor será a interação entre elas. Assim sendo, menor também o ponto de ebulição.

Este fator geralmente é analisado em moléculas apolares, como hidrocarbonetos.

Entendemos que a primeira afirmação é verdadeira, já que o butano é um hidrocarboneto apolar, que possui a mais fraca das forças intermoleculares, dipolo-dipolo induzido, seguido do metoxietano que é um éter, polar, que possui uma força um pouco mais forte que é a dipolo-dipolo permanente. Depois vem o propan-1-ol que é um álcool e com isto possui hidroxila (OH) onde o hidrogênio está ligado a um dos três átomos mais eletronegativos (flúor, oxigênio, ou nitrogênio), realizando, assim, pontes de hidrogênio. E por fim, o ácido etanoico possui o grupo carboxila (grupo funcional dos ácidos carboxílicos, que pode ser consultado em nossa tabela de funções orgânicas), o que possibilita ao ácido realizar um maior número de ligações de hidrogênio. *Confira isto na figura da página 97 referente às ligações de hidrogênio.*

II   Falso.
O propan-1-ol é um álcool, e por isso não possui carboxila. Quem possui carboxila são os ácidos carboxílicos. Ainda assim, ocorre o mesmo tipo de interação entre as moléculas do álcool e do ácido, ligação de hidrogênio.

III   Falso.
Uma das consequências do estudo da polaridade das moléculas é observar e justificar solubilidades. Por via de regra, substâncias com moléculas polares são capazes de dissolver substâncias com moléculas também polares. E substâncias com moléculas apolares dissolvem substâncias com moléculas que são também apolares. É a regrinha do *semelhante dissolve semelhante*. O propan-1-ol é uma molécula predominantemente polar, sendo desta maneira muito solúvel em água. Na verdade, o metanol, o etanol, o propan-1-ol e o propan-2-ol constituem um caso de solubilidade infinita em água: não importa quanto coloquemos de um destes álcoois e de água, a mistura será sempre homogênea, ou seja, uma solução. Cabe ressaltar que, após estes quatro álcoois iniciais, quanto maior for a cadeia carbônica, a parte apolar do álcool vai crescendo e sua solubilidade em água vai diminuindo.

IV   Verdade.
Como já discutimos até aqui, os hidrocarbonetos são moléculas essencialmente apolares, tendo como força intermolecular a dipolo-dipolo induzido, e que de fato é a menos intensa.

100 TREINAMENTO EM QUÍMICA • **EsPCEx** • VOLUME II

V Falso.

O metoxietano é um éter: $CH_3 - O - C_2H_5$.

03. e

Esta questão é muito simples pois exige que você saiba apenas reconhecer o grupo funcional do composto, e classificá-lo então.

Composto 1 possui uma hidroxila ligada ao benzeno, sendo assim um **fenol**.

Composto 2 possui uma carbonila (C = O) ligada a pelo menos um hidrogênio, sendo assim, um **aldeído**.

Composto 3 possui uma carbonila ligada a um grupo alcóxi (O − R), sendo, assim, um **éster**.

Composto 4 possui uma carboxila, uma carbonila ligada a hidroxila, constituindo, desta forma, um **ácido carboxílico**.

Composto 5 possui uma carbonila ligada a um nitrogênio, sendo, assim, uma **amida**.

Concluímos que a alternativa **e** é a correta.

Se você ainda tem dúvidas em reconhecimento de funções, dedique um tempinho a olhar nossa tabela com o resumo das funções.

04. c

a) Falso.

O metanol não possui ligação pi (π), já que não está presente nele nenhuma ligação dupla ou tripla.

b) Falso.

O butano e o metilpropano são substâncias diferentes, mas com a mesma fórmula molecular e mesma massa molar: isto é, são isômeros. Porém, possuem pontos de fusão diferentes. Veja a tabela:

substância	ponto de fusão	ponto de ebulição
butano	−138,3 °C	−0,5 °C
metilpropano	−159,6 °C	−11,7 °C

Butano com cadeia normal sem ramificações

Metilpropano com cadeia ramificada

Como explicar esta diferença entre os pontos de ebulição? Possuem a mesma força intermolecular atuante, já que ambos são apolares. Possuem a mesma massa molar. Então, a explicação está na presença de ramificações. A presença de ramificações diminui a interação entre as cadeias carbônicas, diminuindo, assim, os pontos de fusão e ebulição.

QUÍMICA ORGÂNICA

101

c)   Verdade.

Aqui você apenas precisa lembrar da definição das séries orgânicas. Então, vamos relembrar.

SÉRIE HOMÓLOGA

Chamamos de série homóloga a um grupo de compostos orgânicos que se diferenciam por um número inteiro de grupos CH_2, denominado grupo metileno. O grupo metileno (CH_2) é chamado de razão de homologia. Tais compostos têm as propriedades químicas semelhantes (pertencem à mesma função química) e suas propriedades físicas variam gradualmente, à medida que aumenta a massa molar. O ponto de fusão, o ponto de ebulição e a densidade crescem com o aumento da cadeia carbônica. O coeficiente de solubilidade em água decresce.

Exemplos:

• Série homóloga dos hidrocarbonetos acíclicos saturados (alcanos = parafinas)

$CH_4 + CH_2 \rightarrow CH_3 - CH_3$
$CH_3 - CH_3 + CH_2 \rightarrow CH_3 - CH_2 - CH_3$

Em cada composto dessa série, o número de átomos de H é o dobro mais dois do número de átomos de C. Se o composto tiver **n** átomos de C, terá **2n + 2** átomos de H. Por isso, diz-se que a fórmula geral dos compostos desta série é C_nH_{2n+2}.

• Série homóloga dos hidrocarbonetos acíclicos etilênicos (alcenos = olefinas)

$C_2H_4 + CH_2 \rightarrow C_3H_6$
$C_3H_6 + CH_2 \rightarrow C_4H_8$

Em cada composto dessa série, o número de átomos de H é o dobro do número de átomos de C. Se o composto tiver **n** átomos de C, terá **2n** átomos de H. Por isso, diz-se que a fórmula geral dos compostos desta série é C_nH_{2n}.

• Série homóloga dos hidrocarbonetos acíclicos acetilênicos (alcinos)

$C_2H_2 + CH_2 \rightarrow C_3H_4$
$C_3H_4 + CH_2 \rightarrow C_4H_6$

Se o composto tiver **n** átomos de C, terá **2n − 2** átomos de H. Por isso, diz-se que a fórmula geral dos compostos desta série é C_nH_{2n-2}.

• Série homóloga dos monoácidos acíclicos saturados

$CH_3 - COOH + CH_2 \rightarrow C_2H_5 - COOH$
$C_2H_5 - COOH + CH_2 \rightarrow C_3H_7 - COOH$

Se o composto tiver **n** átomos de C, terá **2n** átomos de H. Por isso, diz-se que a fórmula geral dos compostos desta série é $C_nH_{2n}O_2$ ou $C_nH_{2n-1} - COOH$.

Série Isóloga

Forma uma série isóloga um conjunto de compostos pertencentes à mesma função orgânica em que a diferença na composição dos mesmos é de dois hidrogênios. Os membros de uma série isóloga são chamados de isólogos.

As propriedades físicas dos isólogos são parecidas, pois a massa molar dos compostos pouco difere.

Exemplos:

a)   etano (C_2H_6), eteno (C_2H_4), etino (C_2H_2)
b) $C_3H_7C\ell$, $C_3H_5C\ell$, $C_3H_3C\ell$

Série Heteróloga

É constituída por um conjunto de compostos pertencentes a funções orgânicas diferentes, nos quais suas cadeias carbônicas possuem o mesmo número de átomos de carbono. Os compostos desta série são chamados de heterólogos.
Exemplos:

CH_4 – metano

CH_3OH – metanol

$HCHO$ – metanal

$HCOOH$ – ácido metanoico

H_3CNH_2 – metilamina

d)   Falso.

Cadeia homogênea é a cadeia que não possui nenhum átomo diferente de carbono e / ou hidrogênio interrompendo uma sequência de ligações entre carbonos. Estas cadeias podem ser abertas ou fechadas. Se quisermos uma cadeia ramificada, isto é, com carbonos fora da cadeia principal, teremos que ter pelo menos um carbono terciário (ou quaternário). Vale a pena lembrar esta classificação do átomo de carbono em uma cadeia carbônica.

Carbono Primário: carbono ligado a um ou a nenhum outro átomo de carbono.

Carbono Secundário: carbono ligado a outros dois átomos de carbono.

Carbono Terciário: carbono ligado a outros três átomos de carbono.

Carbono quaternário: carbono ligado a outros quatros átomos de carbono.
Observe alguns exemplos de cadeias.

Todas elas possuem ao menos um carbono terciário assinalado com um asterisco.

e)   Falso.

Aqui você precisa saber quem são os radicais etil e terc-butil. A teoria de nomenclatura é uma só, e quando lemos os nomes destes radicais, precisamos ter uma ideia acerca de sua estrutura. Revise mais uma vez nossa tabela de resumos, pois lá está presente uma pequena contribuição de nomenclatura.

Assim sendo, temos que a união dos radicais etil e terc-butil, dará o 2,2-dimetilbutano.

QUÍMICA ORGÂNICA

$$H_3C-CH_2^{\bullet} \quad + \quad \underset{\underset{CH_3}{|}}{\overset{\overset{CH_3}{|}}{C^{\bullet}}}-CH_3 \quad \longrightarrow \quad H_3C-CH_2-\underset{\underset{CH_3}{|}}{\overset{\overset{CH_3}{|}}{C}}-CH_3$$

Etil   Terc-butil   2,2-dimetilbutano

05. d
Besouro Bombardeiro
Nome científico: Brachynus crepitans
Vivendo na superfície da terra, este besouro passa a maior parte do tempo se escondendo entre raízes de árvores ou debaixo de pedras, ficando muitas das vezes vários deles debaixo de uma única pedra. Mede mais ou menos 1 cm e vive no sul e centro da Europa, norte da África e Sibéria. Sendo um animal carnívoro, gosta de comer insetos de corpo mole como as lagartas e caracóis, sendo muito veloz para alcançar sua presa.
O nome de bombardeiro se dá ao fato de que, quando se sente ameaçado, bombardeia, em qualquer direção em que se encontre seu predador, com o jato de um líquido que sai do seu abdômen. Este líquido sai e provoca uma espécie de fumaça azulada, produzindo um barulho alto, assustando deste modo seu inimigo. Esse líquido expelido sai fervendo e com um cheiro bastante forte e desagradável, podendo provocar queimaduras em outros insetos. Na pele humana só causa uma leve ardência. (**www.fiocruz.br**)

I   Verdade.
Uma simples questão de nomenclatura. Se você possui dúvidas de nomenclatura, revise mais uma vez nossa tabelinha.
Para nomear, primeiro é olhar e identificar que é uma cetona.
Lembre que a nomenclatura é composta por um prefixo cujo o objetivo é enunciar o número de carbonos da cadeia carbônica, um infixo cujo a função é indicar o tipo de ligação entre os carbonos, e um sufixo que indica a função do composto. O nome está CORRETO. Ele usa a palavra **ciclohexa** pra indicar que é uma cadeia fechada de seis carbonos. Temos duas duplas entre os carbonos, então é utilizado o prefixo **dien**. A posição das duplas é indicada corretamente, pois a IUPAC recomenda indicar a posição de insaturações em cetonas monocíclicas. Está tudo certo.
Agora, cabe ressaltar que a função da nomenclatura é nos dar uma ideia da estrutura do composto. E, para sabermos se estamos nomeando corretamente, devemos ser capazes de escrever apenas uma estrutura a partir da nomenclatura. Se fosse nomeado apenas **ciclohexadien-1,4-diona**, estaria CORRETO também, já que seria possível apenas uma estrutura. Fica como desafio convencer-se disto.
II   Verdade.
Para conferir esta afirmação basta apenas contar os carbonos, hidrogênios e oxigênios, o que neste caso não é nada desafiador.

III   Falso.
O composto não é um fenol, mas sim uma cetona cíclica, chamada de quinona.

Se você nos acompanhou até aqui, chegou até o último exercício do último capítulo, sem saltar ou desistir de entender nenhum, Nelson Santos e Gabriel Cabral têm uma palavra para você...

Você fez a sua parte. Deu o seu melhor. A batalha final se aproxima, entre você e o concurso da **EsPCEx**. Medite nestas palavras:

> E, *pela manhã cedo, se levantaram e saíram ao deserto de Tecoa; e, saindo eles, pôs-se em pé Jeosafá, e disse: Ouvi-me, ó Judá, e vós, moradores de Jerusalém: Crede no* Senhor *vosso Deus, e estareis seguros; crede nos seus profetas, e prosperareis.*
>
> **2 Crônicas 20:20**

À medida que se aproximavam do deserto de Tecoa, Jeosafá parou o exército e lhes deu uma das instruções mais breves já registradas – 14 palavras os exortando a fazer duas coisas:

- *Crede no* Senhor *vosso Deus, e estareis seguros;*
- *crede nos seus profetas, e prosperareis.*

Não há nenhuma instrução melhor a ser dada antes de uma batalha. É a mesma instrução que passamos para você...

Creia no Senhor seu Deus. Creia em seus profetas. Louve ao Senhor seu Deus sempre, principalmente nas horas de angústia, desânimo ou aflição. Lembre-se de que Ele permitiu que você estudasse. Você fez o seu melhor? Sua é a vitória.

Deus abençoe você!!!

APÊNDICE SI

Resumo do SI (tradução da publicação do BIPM)

A metrologia é a ciência da medição, abrangendo todas as medições realizadas num nível conhecido de incerteza, em qualquer domínio da atividade humana.

O protótipo internacional do quilograma, K, o único padrão materializado, ainda em uso, para definir uma unidade de base do SI.

O Bureau Internacional de Pesos e Medidas, o BIPM, foi criado pelo artigo 1º da Convenção do Metro, no dia 20 de maio de 1875, com a responsabilidade de estabelecer os fundamentos de um sistema de medições, único e coerente, com abrangência mundial. O sistema métrico decimal, que teve origem na época da Revolução Francesa, tinha por base o metro e o quilograma. Pelos termos da Convenção do Metro, assinada em 1875, os novos protótipos internacionais do metro e do quilograma foram fabricados e formalmente adotados pela primeira Conferência Geral de Pesos e Medidas (CGPM), em 1889. Este sistema evoluiu ao longo do tempo e inclui, atualmente, sete unidades de base. Em 1960, a 11ª CGPM decidiu que este sistema deveria ser chamado de Sistema Internacional de Unidades, SI (*Système international d'unités, SI*). O SI não é estático, mas evolui de modo a acompanhar as crescentes exigências mundiais demandadas pelas medições, em todos os níveis de precisão, em todos os campos da ciência, da tecnologia e das atividades humanas. Este documento é um resumo da publicação do SI, uma publicação oficial do BIPM que é uma declaração do status corrente do SI.

As sete **unidades de base** do SI, listadas na tabela 1, fornecem as referências que per mitem definir todas as unidades de medida do Sistema Internacional. Com o progresso da ciência e com o aprimoramento dos métodos de medição, torna-se necessário revisar e aprimorar periodicamente as suas definições. Quanto mais exatas forem as medições, maior deve ser o cuidado para a realização das unidades de medida.

Tabela 1 – *As sete unidades de base do SI*

Grandeza	Unidade, símbolo: definição da unidade
comprimento	**metro, m:** O metro é o comprimento do trajeto percorrido pela luz no vácuo durante um intervalo de tempo de 1/299 792 458 do segundo. *Assim, a velocidade da luz no vácuo, c_o, é exatamente igual a 299 792 458 m/s.*
massa	**quilograma, kg:** O quilograma é a unidade de massa, igual à massa do protótipo internacional do quilograma. *Assim, a massa do protótipo internacional do quilograma, m(K), é exatamente igual a 1 kg.*
tempo	**segundo, s:** O segundo é a duração de 9 192 631 770 períodos da radiação correspondente à transição entre os dois níveis hiperfinos do estado fundamental do átomo de césio 133. *Assim, a frequência da transição hiperfina do estado fundamental do átomo de césio 133, ν(hfs Cs), é exatamente igual a 9 192 631 770 Hz.*
corrente elétrica	**ampere, A:** O ampere é a intensidade de uma corrente elétrica constante que, mantida em dois condutores paralelos, retilíneos, de comprimento infinito, de seção circular desprezível, e situados à distância de 1 metro entre si, no vácuo, produziria entre estes condutores uma força igual a 2×10^{-7} newton por metro de comprimento. *Assim, a constante magnética, μ_o, também conhecida como permeabilidade do vácuo, é exatamente igual a $4\pi \times 10^{-7}$ H/m.*
temperatura termodinâmica	**kelvin, K:** O kelvin, unidade de temperatura termodinâmica, é a fração 1/273,16 da temperatura termodinâmica no ponto tríplice da água. *Assim, a temperatura do ponto tríplice da água, T_{pto}, é exatamente igual a 273,16 K.*
quantidade de substância	**mol, mol:** 1. O mol é a quantidade de substância de um sistema contendo tantas entidades elementares quantos átomos existem em 0,012 quilograma de carbono 12. 2. Quando se utiliza o mol, as entidades elementares devem ser especificadas, podendo ser átomos, moléculas, íons, elétrons, assim como outras partículas, ou agrupamentos especificados dessas partículas. *Assim, a massa molar do carbono 12, $M(^{12}C)$, é exatamente igual a 12 g/mol.*

APÊNDICE SI

intensidade luminosa	**candela, cd:** A candela é a intensidade luminosa, numa dada direção, de uma fonte que emite uma radiação monocromática de frequência 540×10^{12} hertz e cuja intensidade energética nessa direção é 1/683 watt por esterradiano. *Assim, a eficácia luminosa espectral, K, da radiação monocromática de frequência 540×10^{12} Hz é exatamente igual a 683 lm/W.*

As sete **grandezas de base**, que correspondem às sete **unidades de base**, são: comprimento, massa, tempo, corrente elétrica, temperatura termodinâmica, quantidade de substância e intensidade luminosa. As **grandezas de base** e as **unidades de base** se encontram listadas, juntamente com seus símbolos, na tabela 2.

Tabela 2 – *Grandezas de base e unidades de base do SI*

Grandeza de base	Símbolo	Unidade de base	Símbolo
comprimento	l, h, r, x	metro	m
massa	m	quilograma	kg
tempo, duração	t	segundo	s
corrente elétrica	l, i	ampere	A
temperatura termodinâmica	T	kelvin	K
quantidade de substância	n	mol	mol
intensidade luminosa	l_v	candela	cd

[1] Nota dos tradutores sobre **ampere**.

Todas as outras grandezas são descritas como **grandezas derivadas** e são medidas utilizando **unidades derivadas**, que são definidas como produtos de potências de **unidades de base**. Exemplos de **grandezas derivadas** e de **unidades derivadas** estão listadas na tabela 3.

Tabela 3 - *Exemplos de grandezas derivadas e de suas unidades*

Grandeza derivada	Símbolo	Unidade derivada	Símbolo
área	A	metro quadrado	m^2
volume	V	metro cúbico	m^3
velocidade	v	metro por segundo	m/s
aceleração	a	metro por segundo ao quadrado	m/s^2
número de ondas	σ	inverso do metro	m^{-1}
massa específica	ρ	quilograma por metro cúbico	kg/m^3

---

[1] A palavra **ampere** era grafada antigamente com o acento grave no primeiro e – ampère. Modernamente essa prática foi abandonada conforme explica Antonio Houaiss em seu Dicionário. (HOUAISS, Antônio; VILLAR, Mauro de Salles. *Dicionário Houaiss da Língua Portuguesa.* 1. ed. Rio de Janeiro: Editora Objetiva Ltda. 2001, p. 196)

densidade superficial	ρ_A	quilograma por metro quadrado	kg/m^2
volume específico	v	metro cúbico por quilograma	m^3/kg
densidade de corrente	j	ampere por metro quadrado	A/m^2
campo magnético	H	ampere por metro	A/m
concentração	c	mol por metro cúbico	mol/m^3
concentração de massa	v, γ	quilograma por metro cúbico	kg/m^3
luminância	L_v	candela por metro quadrado	cd/m^2
índice de refração	η	um	1
permeabilidade relativa	μ_r	um	1

Note que o índice de refração e a permeabilidade relativa são exemplos de grandezas adimensionais, para as quais a unidade do SI é o número um (1), embora esta unidade não seja escrita.

Algumas **unidades derivadas** recebem **nome especial**, sendo este simplesmente uma forma compacta de expressão de combinações de **unidades de base** que são usadas frequentemente. Então, por exemplo, o joule, símbolo J, é por definição, igual a m^2 kg s^{-2}. Existem atualmente 22 nomes especiais para unidades aprovados para uso no SI, que estão listados na tabela 4.

Tabela 4 – *Unidades derivadas com nomes especiais no SI*

Grandeza derivada	Nome da unidade derivada	Símbolo da unidade	Expressão em termos de outras unidades
angulo plano	radiano	rad	$m/m = 1$
angulo sólido	esterradiano	sr	$m^2/m^2 = 1$
frequência	hertz	Hz	s^{-1}
força	newton	N	m kg s^{-2}
pressão, tensão	pascal	Pa	$N/m^2 = m^{-1}$ kg s^{-2}
energia, trabalho, quantidade de calor	joule	J	N m $= m^2$ kg s^{-2}
potência, fluxo de energia	watt	W	$J/s = m^2$ kg s^{-3}
carga elétrica, quantidade de eletricidade	coulomb	C	s A
diferença de potencial elétrico	volt	V	$W/A = m^2$ kg s^{-3} A^{-1}
capacitância	farad	F	$C/V = m^{-2}$ kg^{-1} s^4 A^2
resistência elétrica	ohm	Ω	$V/A = m^2$ kg s^{-3} A^{-2}
condutância elétrica	siemens	S	$A/V = m^{-2}$ kg^{-1} s^3 A^2
fluxo de indução magnética	weber	Wb	V s $= m^2$ kg s^{-2} A^{-1}
indução magnética	tesla	T	$Wb/m^2 = kg$ s^{-2} A^{-1}

APÊNDICE SI

indutância	henry	H	$Wb/A = m^2\ kg\ s^{-2}\ A^{-2}$
temperatura Celsius	grau Celsius	°C	K
fluxo luminoso	lumen	lm	cd sr = cd
iluminância	lux	lx	$lm/m^2 = m^{-2}$ cd
atividade de um radionuclídio	becquerel	Bq	s^{-1}
dose absorvida, energia específica (comunicada), kerma	gray	Gy	$J/kg = m^2\ s^{-2}$
equivalente de dose, equivalente de dose ambiente	sievert	Sv	$J/kg = m^2\ s^{-2}$
atividade catalítica	katal	kat	s^{-1} mol

Embora o hertz e o becquerel sejam iguais ao inverso do segundo, o hertz é usado somente para fenômenos cíclicos, e o becquerel, para processos estocásticos no decaimento radioativo.

A unidade de temperatura Celsius é o grau Celsius, °C, que é igual em magnitude ao kelvin, K, a unidade de temperatura termodinâmica. A grandeza temperatura Celsius t é relacionada com a temperatura termodinâmica T pela equação $t/°C = T/K - 273,15$.

O sievert também é usado para as grandezas: equivalente de dose direcional e equivalente de dose individual.

Os quatro últimos nomes especiais das unidades da tabela 4 foram adotados especificamente para resguardar medições relacionadas à saúde humana.

Para cada grandeza, existe somente uma unidade SI (embora possa ser expressa frequentemente de diferentes modos, pelo uso de nomes especiais). Contudo, a mesma unidade SI pode ser usada para expressar os valores de diversas grandezas diferentes (por exemplo, a unidade SI para a relação J/K pode ser usada para expressar tanto o valor da capacidade calorífica como da entropia). Portanto, é importante não usar a unidade sozinha para especificar a grandeza. Isto se aplica tanto aos textos científicos como aos instrumentos de medição (isto é, a leitura de saída de um instrumento deve indicar a grandeza medida e a unidade).

As grandezas adimensionais, também chamadas de grandezas de dimensão um, são usualmente definidas como a razão entre duas grandezas de mesma natureza (por exemplo, o índice de refração é a razão entre duas velocidades, e a permeabilidade relativa é a razão entre a permeabilidade de um meio dielétrico e a do vácuo). Então a unidade de uma grandeza adimensional é a razão entre duas unidades idênticas do SI, portanto é sempre igual a um (1). Contudo, ao se expressar os valores de grandezas adimensionais, a unidade um (1) não é escrita.

Múltiplos e submúltiplos das unidades do SI

Um conjunto de prefixos foi adotado para uso com as unidades do SI, a fim de exprimir os valores de grandezas que são muito maiores ou muito menores do que a unidade SI usada sem um prefixo. Os prefixos SI estão listados na tabela 5. Eles podem ser usados com qualquer unidade de base e com as unidades derivadas com nomes especiais.

Tabela 5 – *Prefixos SI*

Fator	Nome	Símbolo	Fator	Nome	Símbolo
10^1	deca	da	10^{-1}	deci	d
10^2	hecto	h	10^{-2}	centi	c
10^3	quilo	k	10^{-3}	mili	m
10^6	mega	M	10^{-6}	micro	μ
10^9	giga	G	10^{-9}	nano	n
10^{12}	tera	T	10^{-12}	pico	p
10^{15}	peta	P	10^{-15}	femto	f
10^{18}	exa	E	10^{-18}	atto	a
10^{21}	zetta	Z	10^{-21}	zepto	z
10^{24}	yotta	Y	10^{-24}	yocto	y

Quando os prefixos são usados, o nome do prefixo e o da unidade são combinados para formar uma palavra única e, similarmente, o símbolo do prefixo e o símbolo da unidade são escritos sem espaços, para formar um símbolo único que pode ser elevado a qualquer potência. Por exemplo, pode-se escrever: quilômetro, km; microvolt, mV; femtosegundo, fs; 50 V/cm = 50 V$(10^{-2}$ m$)^{-1}$ = 5000 V/m.

Quando as **unidades de base** e as **unidades derivadas** são usadas sem qualquer prefixo, o conjunto de unidades resultante é considerado **coerente**. O uso de um conjunto de unidades coerentes tem vantagens técnicas (veja a publicação completa do SI). Contudo, o uso dos prefixos é conveniente porque ele evita a necessidade de empregar fatores de 10^n, para exprimir os valores de grandezas muito grandes ou muito pequenas. Por exemplo, o comprimento de uma ligação química é mais convenientemente expresso em nanometros, nm, do que em metros, m, e a distância entre Londres e Paris é mais convenientemente expressa em quilômetros, km, do que em metros, m.

O quilograma, kg, é uma exceção, porque embora ele seja uma **unidade de base** o nome já inclui um prefixo, por razões históricas. Os múltiplos e os submúltiplos do quilograma são escritos combinando-se os prefixos com o grama: logo, escreve-se miligrama, mg, e **não** microquilograma, μkg.

APÊNDICE SI

Unidades fora do SI

O SI é o único sistema de unidades que é reconhecido universalmente, de modo que ele tem uma vantagem distinta quando se estabelece um diálogo internacional. Outras unidades, isto é, unidades não-SI, são geralmente definidas em termos de unidades SI. O uso do SI também simplifica o ensino da ciência. Por todas essas razões o emprego das unidades SI é recomendado em todos os campos da ciência e da tecnologia.

Embora algumas unidades não-SI sejam ainda amplamente usadas, outras, a exemplo do minuto, da hora e do dia, como unidades de tempo, serão sempre usadas porque elas estão arraigadas profundamente na nossa cultura. Outras são usadas por razões históricas, para atender às necessidades de grupos com interesses especiais, ou porque não existe alternativa SI conveniente. Os cientistas devem ter a liberdade para utilizar unidades não-SI se eles as considerarem mais adequadas ao seu propósito. Contudo, quando unidades não-SI são utilizadas, o fator de conversão para o SI deve ser sempre incluído. Algumas unidades não-SI estão listadas na tabela 6 abaixo, como seu fator de conversão para o SI. Para uma listagem mais ampla, veja a publicação completa do SI, ou o *website* do BIPM.

Tabela 6 – *Algumas unidades não-SI*

Grandeza	Unidade	Símbolo	Relação com o SI
tempo	minuto	min	1 min = 60 s
	hora	h	1 h = 3600 s
	dia	d	1 d = 86400 s
volume	litro	L ou ℓ	1 L = 1 dm³
massa	tonelada	t	1 t = 1000 kg
energia	elétronvolt	eV	1 eV ≈ 1,602 × 10⁻¹⁹ J
pressão	bar	bar	1 bar = 100 kPa
	milímetro de mercúrio	mmHg	1 mmHg ≈ 133,3 Pa
comprimento	angstrom	Å	1 Å = 10⁻¹⁰ m
	milha náutica	M	1 M = 1852 m
força	dina	dyn	1 dyn = 10⁻⁵ N
energia	erg	erg	1 erg = 10⁻⁷ J

[2] Nota dos tradutores sobre **angstrom**.

Os símbolos das unidades começam com letra maiúscula quando se trata de nome próprio (por exemplo, ampere, A; kelvin, K; hertz, Hz; coulomb, C). Nos outros casos eles sempre começam com letra minúscula (por exemplo, metro, m; segundo, s; mol, mol). O símbolo do litro é uma exceção: pode-se usar uma letra minúscula ou uma

---

2 O Dicionário Houaiss da Língua Portuguesa admite a palavra **angstrom** grafada sem o símbolo sobre o "a" e sem o trema sobre o "o".

112 TREINAMENTO EM QUÍMICA • EsPCEx • VOLUME II

letra maiúscula, L. Nesse caso a letra maiúscula é usada para evitar confusão entre a letra minúscula l e o número um (1). O símbolo da milha náutica é apresentado aqui como M; contudo não há um acordo geral sobre nenhum símbolo para a milha náutica.

A linguagem da ciência: utilização do SI para exprimir os valores das grandezas

O valor de uma grandeza é escrito como o produto de um número e uma unidade, e o número que multiplica a unidade é o valor numérico da grandeza, naquela unidade. Deixa-se sempre um espaço entre o número e a unidade. Nas grandezas adimensionais para as quais a unidade é o número um (1), a unidade é omitida. O valor numérico depende da escolha da unidade, de modo que o mesmo valor de uma grandeza pode ter diferentes valores numéricos, quando expresso em diferentes unidades, conforme o seguinte exemplo:

A velocidade de uma bicicleta é aproximadamente

$v = 5,0$ m/s = 18 km/h.

O comprimento de onda de uma das raias amarelas do sódio é

$\lambda = 5,896 \times 10^{-7}$ m = 589,6 nm.

Os símbolos das grandezas são impressos com letras em itálico (inclinadas) e geralmente são letras únicas do alfabeto latino ou do grego. Tanto letras maiúsculas como letras minúsculas podem ser usadas. Informação adicional sobre a grandeza pode ser acrescentada sob a forma de um subscrito, ou como informação entre parênteses.

Existem símbolos recomendados para muitas grandezas, dados por autoridades como a ISO (International Organization for Standardization) e as várias organizações científicas internacionais, tais como a IUPAP (International Union of Pure and Applied Physics) e a IUPAC (International Union of Pure and Applied Chemistry). São exemplos:

T para temperatura

C_p para capacidade calorífica a pressão constante

x_i para fração molar da espécie i

μ_r para permeabilidade relativa

$m(K)$ para a massa do protótipo internacional do quilograma, K.

Os símbolos das unidades são impressos em tipo romano (vertical), independentemente do tipo usado no restante do texto. Eles são entidades matemáticas e não abreviaturas. Eles nunca são seguidos por um ponto (exceto no final de uma sentença) nem por um s para formar o plural. É obrigatório o uso da forma correta para os símbolos das unidades, conforme ilustrado pelos exemplos apresentados na publicação completa do SI. Algumas vezes os símbolos das unidades podem ter mais de uma letra. Eles são escritos em letras minúsculas, exceto que a primeira letra é maiúscula quando o nome é de uma pessoa. Contudo, quando o nome de uma unidade

APÊNDICE SI 113

é escrito por extenso, deve começar com letra minúscula (exceto no início de uma sentença), para distinguir o nome da unidade do nome da pessoa.

Ao se escrever o valor de uma grandeza, como o produto de um valor numérico e uma unidade, ambos, o número e a unidade devem ser tratados pelas regras ordinárias da álgebra. Por exemplo, a equação $T = 293$ K pode ser escrita igualmente $T/K = 293$. Este procedimento é descrito como o uso do cálculo de grandezas, ou a álgebra de grandezas. Às vezes essa notação é útil para identificar o cabeçalho de colunas de tabelas, ou a denominação dos eixos de gráficos, de modo que as entradas na tabela ou a identificação dos pontos sobre os eixos são simples números. O exemplo a seguir mostra uma tabela de pressão de vapor em função da temperatura, e o logaritmo da pressão de vapor em função do inverso da temperatura, com as colunas identificadas desse modo.

T/K	10^3 K/T	p/MPa	$\ln(p$/MPa$)$
216,55	4,6179	0,5180	−0,6578
273,15	3,6610	3,4853	1,2486
304,19	3,2874	7,3815	1,9990

Algebricamente, fórmulas equivalentes podem ser usadas no lugar de 10^3 K/T, tais como: kK/T, ou 10^3 $(T$/K$)^{-1}$.

Na formação de produtos ou quocientes de unidades, aplicam-se as regras normais da álgebra. Na formação de produtos de unidades, deve-se deixar um espaço entre as unidades (alternativamente pode-se colocar um ponto na meia altura da linha, como símbolo de multiplicação). Note a importância do espaço, por exemplo, m s denota o produto de um metro por um segundo, ao passo que ms significa milisegundo. Também na formação de produtos complicados, com unidades, deve-se usar parênteses ou expoentes negativos para evitar ambiguidades. Por exemplo, R, a constante molar dos gases, é dada por:

$$pV_m/T = R = 8,314 \text{ Pa m}^3 \text{ mol}^{-1} \text{ K}^{-1} = 8,314 \text{ Pa m}^3/(\text{mol K})$$

Na formação de números o marcador decimal pode ser ou um ponto ou uma vírgula, de acordo com as circunstâncias apropriadas. Para documentos na língua inglesa é usual o ponto, mas para muitas línguas da Europa continental e em outros países, a vírgula é de uso mais comum.[3]

Quando um número tem muitos dígitos, é usual grupar-se os algarismos em blocos de três, antes e depois da vírgula, para facilitar a leitura. Isto não é essencial, mas é feito frequentemente, e geralmente é muito útil. Quando isto é feito, os grupos de três dígitos devem ser separados por apenas um espaço estreito; não se deve usar nem um ponto e nem uma vírgula entre eles. A incerteza do valor numérico de uma grandeza pode ser convenientemente expressa, explicitando-se a incerteza dos últimos dígitos significativos, entre parênteses, depois do número.

---

3 Nota dos tradutores. Por exemplo, no Brasil usa-se a vírgula.

Exemplo: O valor da carga elementar do elétron é dado na listagem CODATA (The Committee on Data for Science and Technology) de 2002, das constantes fundamentais, por:

$$e = 1,602\ 176\ 53\ (14) \times 10^{-19}\ C,$$

onde 14 é a incerteza padrão dos dígitos finais do valor numérico indicado.

Para informações adicionais ver o website do BIPM **http://www.bipm.org** ou a Publicação completa do SI, 8ª edição, que está disponível no site **http://www.bipm.org/en/si**.
Este sumário foi preparado pelo Comitê Consultivo das Unidades (CCU) do Comitê Internacional de Pesos e Medidas (CIPM), e é publicado pelo BIPM.

Março de 2006
Ernst Göbel, Presidente do CIPM
Ian Mills, Presidente do CCU
Andrew Wallard, Diretor do BIPM

Todos os trabalhos do BIPM são protegidos internacionalmente por copyright. Este documento em português (Brasil) foi preparado mediante permissão obtida do BIPM. A única versão oficial deste resumo é o texto em francês, do documento original criado pelo BIPM.

Tradução para o português (Brasil) feita pelos Assessores Especiais da Presidência do Inmetro, Físico José Joaquim Vinge, Engenheiro Aldo Cordeiro Dutra e Físico Giorgio Moscati. Este documento está disponível no site do Inmetro: **http://www.inmetro.gov.br**.

BIBLIOGRAFIA

BABOR, Joseph A. e IBARZ AZNÁREZ, José. *Química General Moderna*. Barcelona: Editorial Marín, 1964.

BRADY, James E. e HUMISTON, Gerard. E. *Química Geral, volumes 1 e 2*. Rio de Janeiro: LTC – Livros Técnicos e Científicos, 1994.

COTTON, F. Albert e WILKINSON, Geoffrey. *Advanced Inorganic Chemistry*. New York: Interscience Publishers, 1967.

GENTIL, Vicente. *Corrosão*. Rio de Janeiro: Editora Guanabara, 1987.

HARVEY, Kenneth B. e PORTER, Gerald B. *Introduction to Physical Inorganic Chemistry*. Reading: Addison-Wesley Publishing Company, 1963.

HOFFMANN, Roald e TORRENCE, Vivian. *Chemistry imagined: reflections on Science*. Washington: Smithsonian Institution Press, 1993.

KAPLAN, Irving. *Nuclear Physics*. Reading: Addison-Wesley Publishing Company, 1969.

LANGE, Norbert A. *Handbook of Chemistry*. New York: McGraw-Hill Book Company, 1966.

MAHAN, Bruce H. *University Chemistry*. Palo Alto: Addison-Wesley Publishing Company, 1966.

MOELLER, Therald. *Inorganic Chemistry – An Advanced Textbook*. New York: John Wiley & Sons, Inc., 1965.

MORRISON, Robert T. e BOYD, Robert N. *Organic Chemistry*. Boston: Allyn and Bacon, Inc., 1963.

PAULING, Linus. *Química Geral*. Rio de Janeiro: Ao Livro Técnico, 1972.

PAULING, Linus. *Uniones Químicas*. Buenos Aires: Editorial Kapelusz, 1965.

OHLWEILER, Otto Alcides. *Química Inorgânica, volumes I e II*. São Paulo: Editora Edgard Blücher, 1971.

RODGERS, Glen E. *Química Inorgânica*. Madrid: McGraw-Hill, 1994.

ROSENBERG, Jerome L. e EPSTEIN, Lawrence M. *Química Geral*. Porto Alegre: Bookman, 2003.

SANTOS, Nelson. *Problemas de Físico-Química – IME • ITA • Olimpíadas*. Rio de Janeiro: Editora Ciência Moderna Ltda., 2007.

SANTOS, Nelson e CAMPOS, Eduardo. *Treinamento em Química – IME • ITA • Unicamp*. Rio de Janeiro: Editora Ciência Moderna Ltda., 2009.

SANTOS, Nelson. *Treinamento em Química – EsPCEx*. Rio de Janeiro: Editora Ciência Moderna Ltda., 2009.

SANTOS, Nelson. *Desafio em Química – ITA • IME • Olimpíadas • Monbukagakusho*. Goiânia: Editora Opirus, 2010.

SANTOS, Nelson. *Treinamento em Química – EsPCEx, 2ª edição*. Rio de Janeiro: Editora Ciência Moderna Ltda., 2011.

SANTOS, Nelson. *70 Problemas Cabulosos de Química*. Rio de Janeiro: Editora Ciência Moderna Ltda., 2011.

SANTOS, Nelson e ANTUNES, Alexandre. *Treinamento em Química – Monbukagakusho*. Rio de Janeiro: Editora Ciência Moderna Ltda., 2011.

SANTOS, Nelson e MENEZES, Everton. *Química no vestibular da ESCS*. Brasília: Nelson do Nascimento Silva dos Santos (editor), 2012.

SANTOS, Nelson e SOUZA, Luís Cícero de. *Tópicos de Química: RADIOATIVIDADE*. Brasília, Editora ON Ltda., 2013.

SANTOS, Nelson. *Treinamento em Química – Soluções • Dosagens • Coligativas*. Rio de Janeiro: Editora Ciência Moderna Ltda., 2013.

SIENKO, Michell J. e PLANE, Robert A. *Química*. São Paulo: Companhia Editora Nacional, 1972.

UCKO, David A. *Química para as Ciências da Saúde*. São Paulo: Editora Manole, 1992.

WOLKE, Robert L. *O que Einstein disse a seu cozinheiro*. Rio de Janeiro: Jorge Zahar Editor, 2003.

Duas informações adicionais:

i)   A Wikipedia foi amplamente usada na gestação deste livro:
http://wikipedia.org
e, em particular,mas não exclusivamente,
http://pt.wikipedia.org

ii)   As citações bíblicas utilizadas são da edição Revista e Corrigida da tradução de João Ferreira de Almeida.

Louvai ao SENHOR. Louvai a Deus no seu santuário; louvai-o no firmamento do seu poder.
Louvai-o pelos seus atos poderosos; louvai-o conforme a excelência da sua grandeza.
Louvai-o com o som de trombeta; louvai-o com o saltério e a harpa.
Louvai-o com o adufe e a flauta; louvai-o com instrumentos de cordas e com órgãos.
Louvai-o com os címbalos sonoros; louvai-o com címbalos altissonantes.
Tudo quanto tem fôlego louve ao SENHOR. Louvai ao SENHOR.   **Salmos 150**

70 Problemas Cabulosos de Química - Em nível IME - ITA

Autor: Nelson Santos

200 páginas
1ª edição - 2012
Formato: 16 x 23
ISBN: 978-85-399-0191-3

Este livro é único entre as obras do professor NELSON SANTOS. É a concretização de um sonho antigo: ver a Estequiometria e as Reações Químicas, tanto inorgânicas quanto orgânicas, serem tratadas de maneira mais elegante, mais didática, mais fácil de entender.

Para um professor apaixonado por ensinar, é triste ver as Relações Numéricas e a Estequiometria sendo tratadas como a ciência da regra de três, a parte da Química que estuda a regra de três e outras pérolas.

Entre os alunos, os problemas estequiométricos costumam ser vistos como impossíveis, cabulosos, bichos-papões dos vestibulares.

A contradição se torna evidente: se é apenas regra de três, não deveria ser muito fácil?

E pode ser fácil! Fica aqui o convite. Acompanhe estes 70 PROBLEMAS CABULOSOS DE QUÍMICA, em nível perfeitamente compatível com os vestibulares do IME e do ITA. Comece pelo exercício número 01. Resolva-o. Verifique a resposta na página 21. Se você acertou, ótimo: passe para o exercício número 02. Se não acertou, não desanime: veja a solução, estude-a, compreenda-a, só então passe para o exercício 03. E assim até o final.

À venda nas melhores livrarias.

Treinamento em Química - IME - ITA - UNICAMP

Autores: Eduardo Campos
Nelson Santos

592 páginas
1ª edição - 2009
Formato: 16 x 23
ISBN: 978-85-7393-794-7

Mais um livro do professor Nelson Santos, agora abrangendo todo o conteúdo de Química, em parceria com o professor Eduardo Campos, que assumiu a Química Orgânica. A carência de bons livros de Química voltados para alunos que se preparam para vestibulares de alto nível, como os da UNICAMP, do IME e do ITA ainda é muito grande – buscou-se minimizá-la. Este livro apresenta mais de 750 questões, escolhidas nas provas desses concursos das duas últimas décadas, e outras retiradas de outros concursos e do acervo particular dos autores, totalmente resolvidas, passo a passo, sendo as de múltipla escolha comentadas opção por opção. Nada foi esquecido. São abordadas a Química Geral e Inorgânica, a Físico-Química, a Química Orgânica e Tópicos Especiais, assim distribuídos: Química Geral e Inorgânica: Aspectos Macroscópicos / Estrutura Atômica / Tabela Periódica / Ligações Químicas / Reações Químicas / Relações Numéricas / Gases Estequiometria Físico-Química: Soluções / Reações Envolvendo soluções/ Propriedades Coligativas das Soluções / Termoquímica e Termodinâmica / Cinética Química / Equilíbrio Químico / Equilíbrio Iônico / Eletroquímica / Radioatividade Química Orgânica: Questões Gerais / Reações Orgânicas / Polímeros Tópicos Especiais: Química Descritiva / Práticas de Laboratório / Equilíbrio Iônico série B / Show do Milhão Seu Treinamento em Química ficará muito mais tranqüilo e intenso!

À venda nas melhores livrarias.

Treinamento em Química - Monbukagakusho

Autores: Alexandre Antunes
        Nelson Santos

200 páginas
1ª edição - 2012
Formato: 16 x 23
ISBN: 978-85-399-0197-5

O Governo do Japão, através do Ministério da Educação, Cultura, Esporte, Ciência e Tecnologia, oferece bolsas de estudo para candidatos de todos os países em universidades públicas japonesas. O concurso anual de bolsas, que normalmente ocorre em julho, tem seus mistérios...
A divulgação do MONBUKAGAKUSHO (ou MEXT, no Brasil carinhosamente chamado de MONBUSHO) não é muito grande. Não existe nenhum livro no mundo contendo provas resolvidas – este é o primeiro!
Apresentamos aqui as provas de Química, desde 2006 até 2010, das duas modalidades do concurso, COLLEGE OF TECHNOLOGY STUDENTS e UNDER-GRADUATED STUDENTS, totalmente resolvidas. Separamos as 110 questões por assunto, para facilitar o estudo. Físico-Química e Química Orgânica são particularmente exigentes.
Você pode estar se dizendo: Mas eu não quero ir estudar no Japão! Em que este livro me interessa?
A resposta é muito simples, com outra pergunta: 110 questões de Química, cobrindo quase todo o programa, em nível IME - ITA - Unicamp - Fuvest, permitindo a você fazer uma revisão abrangente da Química cobrada nestes exames vestibulares, podem ser úteis?

À venda nas melhores livrarias.

Impressão e Acabamento
Gráfica Editora Ciência Moderna Ltda.
Tel.: (21) 2201-6662